어떤 날

2

travel mook
어떤 날 2

초판 1쇄 인쇄 | 2013년 6월 10일
초판 1쇄 발행 | 2013년 6월 15일

글, 사진 | 김민채 김소연 김슬기 나도원
　　　　 노연주 박연준 서상희 요 조
　　　　 위서현 이우성 이제니 장연정
　　　　 최수진 한승임

펴낸이, 편집인 | 윤동희

편집 | 김민채 홍성범
모니터링 | 이희연
디자인 | 이진아
종이 | 매직 패브릭 아이보리 220g(표지)
　　　 미색모조 80g(본문)
마케팅 | 한민아 정진아
온라인 마케팅 | 김희숙 김상만 이원주 한수진
제작 | 서동관 김애진 임현식 김동욱
제작처 | 영신사

펴낸곳 | (주) 북노마드
출판등록 | 2011년 12월 28일 제406-2011-000152호

주소 | 413-756 경기도 파주시 문발동 파주출판도시 513-7
문의 | 031.955.8886(마케팅)
　　　 031.955.2646(편집)
　　　 031.955.8855(팩스)
전자우편 | booknomadbooks@gmail.com
트위터 | @booknomadbooks
페이스북 | www.facebook.com/booknomad

ISBN 978-89-97835-23-2　　04980
　　　 978-89-97835-15-7　　(세트)

어
떤
날

2

travel mook

아픈 여행

북노마드

prologue

오래된 믿음 순간의 행복 발견의 발견 한 줌의 자유

침묵과 안식 진정한 해방 단 하루의 평화

— 페퍼톤스 〈Wish List〉 중에서

contents

어
디
쯤 가
고 있
을
까, 나
는
?

글 · 그림 | 최 수 진

최수진 / 화가, 『베트남 그림여행』 지은이. 홍익대학교 회화과를 졸업했다. 걷기를 좋아하고, 참견하기를 좋아하며, 얄팍한 외국어 공부를 즐기는 걸로 보아 선천적으로 여행을 위해 태어났다고 생각한다. 1년에 한 달은 반드시 새로운 세상과 만나야 한다는 소망을 실현하며 살아가고 있다. www.soo-jin.com.

걷다가 다리가 아파 카페에 들어갔다.

나는 여행을 가면 미친 듯이 걷는다.

그리고 여행을 가지 않을 때는 늘 여행을 가고 싶어 한다.

움직이는 것은 멈춰 있기보다 쉬운 것이다.

주황색 벽이 어둑한 실내에 눈이 익숙해지니

안쪽에 작은 문이 있고

"봄이 와서 뒷뜰을 열었다"는 안내문이 붙어 있었다.

거의 방치된 듯한 뜰에 제각각 앉은 사람들.

음악이 닿지 않아 조용하였고

대신 나지막한 무언가가 공기에 가득 느껴졌다.

느리고 수평적인 따뜻함 같은 것.

만약 내가 어둡다면 이런 날 만큼은 핑계가 없겠구나.

그날 어디까지 걸었는지

기억이 나지 않는 걸 보면

햇살 속에 멈춰 있던 시간이 더 강렬했었나보다.

덥거나 춥지 않고 완벽하게 산뜻한 날이 평생 얼마나 될까.

기억하고 자주 멈추어 볼 봄이다.

내 눈먼 여행을 위해

글·사진 — 김민채

한 달이 조금 넘는 시간을 타지에서 보냈다면 그건 일상이었을까, 여행이었을까. 머무름이 길어지고 익숙한 것이 많아질 때, 여행은 일상에 가까워진다. 반복되는 행동, 자주 다니는 길과 눈에 익은 풍경. 그러한 것들이 마음속에 쌓여 넘쳐버리는 날엔 다시 여행을 꿈꾸게 되는 건지도 모르겠다. 그러니까 사실, 위치는 중요하지 않다. 머물러 있던 기간도 중요하지 않다. 일상. 당신이 진짜 그 안에서 '살기' 시작했다면 여행은 시작된다. 그러니 어디서든 언제든, 다시 떠나버려도 좋다.

그해 여름, 35일 가까이 중국에 머물렀지만, 그곳에 살았다고 할 수는 없었다. 그곳에 짐을 풀고 살았던 것은 맞지만, 그냥 '거기에 있었다' 정도가 어울릴 것이기 때문이다. 어떤 의미에선 차라리 거기 없었다고 하는 편이 맞는지도 모르겠다. 나는 하얼빈에 있었다. 하얼빈공업대학의 외국인 기숙사 5층 어느 방, 하나의 침대, 하나의 책상, 하나의 옷장에 잠시 삶을 얹어둔 방문객이었다. 오전에는 어학당에서 중국어를 배우고, 12시 이후부턴 마음대로 시간을 보낼 수 있었다. 농구하는 학생들을 구경할 수도, 기숙사로 돌아가 낮부터 잠들어버릴 수도, 중앙대가(中央大街) 어디쯤을 걸을 수도, 송화강변에 앉아 있을 수도, 도서관에 들어가 중국어를 공부할 수도, 대낮부터 양꼬치 집에서 술을 마실 수도 있었다. 그러니까 그냥, 무엇을 해도 상관없고 아무렇게나 시간을 보내도 좋다는 말이었다. 마음만 먹으면 선택지는 수십, 수백 가지도 만들어낼 수 있었다. 그곳에서 나는 여행자였으니까, 방문객이었으니까.

신중을 기해 선택했던 답은 늘 다섯 가지 안에서 끝났다. 대부분 학교 안에서 해결할 수 있는 일들, 찻집에서 한국어로 된 책을 읽는다든지, 벤치에 앉아 나무가 흔들리는 모습을 하염없이 보고 있다든지, 떠나온 곳에 있는 누군가를 향해 편지를 쓴다든지 하는 것들이었다. 하얼빈이 아니라 서울이나 전주 제주 강릉 순천, 뭐 어디에서 해도 별반 다르지 않을 일들을 하고 있었던 셈이다. 캠퍼스의 문은 항상 활짝 열려 있었다. 그럼에도 나는 닿으면 감전이라도 된다는 듯 그 문 앞에서 한참을 망설였다. 보이지 않는 '학교 안과 학교 밖의 경계'를 참 오래도 맴돌았다. 존재하지도 않는 경계를 넘어서는 일은 쉽지 않았다. 차라리 정말 갇혀 있기라도 했다면 그렇게 비참하진 않았을 텐데. 스스로를 학교와 자기 안에 가두는 시간이 길어질수록 자꾸만 비참해졌다. 그런 날은 기숙사 침대에서 빈둥거리다 잠이 들어버렸다. 깨어보면 베갯잇이 축축했던 날도 있었다.

무엇이 그렇게 나를 가두어두었냐고 묻는다면, 답은 간단하다. 무서웠으니까. 중국이 무서웠다. 하얼빈이란 도시가 무서웠고 학교 밖 거리에서 들려오는 사람들의 목소리가, 서문 쪽에서 넘어오는 음식 냄새가 무서웠다. 중국을 소개하는 여행 책자에 박혀 있던 글자들까지도 무서웠다. 무서워서 나갈 수가 없었다. 나갈 수 없었으니 그냥 안에 있었던 거다. 안에서 상상할수록 하얼빈의 거리는 점점 더 검어졌고, 상상 속 중국인들은 칼을 뽑아들고 다가오는 듯했다. 어둠 속에서 칼을 들이대고 있으니 꼼짝도 할 수가 없었던 거다.

체리 때문이었다. 함께 있었던 누군가가 체리를 먹고 싶다고 말했다. 서문 앞 과일가게나 거리 노점에서 파는 체리가 무지하게 싸고 맛있다는 말을 했던 탓이었다. 여기에는 없는 그 체리라는 녀석을 먹기 위해, 우리는 경계를 넘었다. 밖으로 나갔다. 안에서 밖으로, 눈에 보이지도 않았던 경계를 뚫고 나갔던 그 순간을 떠올리면 아직도 눈이 질끈 감긴다. 그러나 그 순간은 어떠한 고통도 아픔도 없이, 차라리 홀가분하게 지나갔다. 흔들거리던 유치를 뽑아내던 어린 날들처럼. 무서워 무서워, 안 할래 안 할래, 싫어 싫어. 수없이 외치다가 마침내 눈을 질끈 감았을 뿐이었다. 그런데 아픔을 느낄 새도 없이 아빠가 내 앞니에 묶여 있던 실을 당겨버린 거다. 흔들거리던 이가 쏙, 내 몸을 떠나버린 거다. 그러고 나면, 아픔 없이 사라져버린 그 두려움을 다시 붙들고 싶을 만큼 아쉬워져 오는 것이었다. 아, 밖으로 나왔다. 싸고 맛좋은 체리 때문에.

64번 버스는 만능 버스였다. 하얼빈공업대학을 중심에 두고 가까운 어디든 갈 수 있었다. 여전히 정답은 없었고 선택지를 넓혀가는 건 순전히 나의 몫이었다. 송화강변에 머물러 있기를 좋아했다. 나는 12시 이후로는 무엇을 해도 좋았을 여행자이자 방문객이었고, 강변에 그저 앉아 있을 수도 물냄새를 따라 걸어다닐 수도 있었다.

그럼에도 나는 눈먼 여행자였다. 솔직히 말하면, 몸만 밖으로 나왔을 뿐 학교 안에서 두려워하던 것들을 여전히 두려워하고 있었다. 되도록 중국인들과의 대화를 피했고, 다른 사람들과 함께 가본 길이 아니면 가지 않았다. 누군가가 나가자며 제안하지 않으면 그저 학교 안에서 책을 읽거나 벤치에 앉아 고개를 들어 구름이 흘러가는 모습을 바라보곤 했다. 하지만 그건 오롯이 나의 선택이었다. 괜찮다고 다독이기도 했다. 겁이 많은 방문객도 있을 수 있으니까.

아니 사실은, 불 꺼진 버스 때문이었다. 미지근한 물, 에어컨과 불이 꺼진 버스. 13억 사람들이 쓰기엔 전기가 부족한 탓인지, 중국에선 꼭 필요하다고 할 수 없는 부분에는 전기를 쓰지 않았다. 생수를 비롯한 음료들은 냉장을 하지 않는 냉장고 언저리에 놓여 있었다. 밤의 버스는 늘 어두웠고, 그 안은 열기로 가득했다. 중국에서의 생활은 한국에서 당연하게 여기고 사용하던 것들을 앗아감으로써 나를 불쾌하게 만들었다. 얼음이 가득한 시원한 물을 상상했고, 발광하며 다가오던 밤의 버스를 떠올렸다.

아마 누군가가 중앙대가에 가자고 했을 것이다. 안에서 밖으로 또 한번 모험을 하기 위해 나는 자그마하게 심호흡을 했을 테다. 마음속으로 무서워 무서워, 되뇌면서도 겉으로 싱긋 웃어보였을 테다. 무엇을 먹고, 보고, 느꼈는지 아무것도 기억나지 않는다. 우리는 밤까지 중앙대가를 걸었을 것이다. 춘삥이나 딤섬 같은 걸 먹었는지도, 강변을 걷거나 금태양에서 액세서리 구경을 했는지도 모르겠다. 그 아무렇지 않은 일상이 나를 하얼빈의 밤 버스에 올라타게 만들었다.

버스는 달리기 시작한다. 열린 창을 통해 아스라한 달빛과 바람이 쏟아져 들어온다. 덜컹이는 주홍 불빛, 덜컹이는 바람결, 덜컹이는 사람들. 그 틈에서 나도 흔들린다. 아, 중국에 있다. 한없이 덜컹이다가 비로소 알아챈다. 불이 꺼진 버스 안 사람들은 실루엣만 남아 덜컹거린다. 사람들의 살 냄새와 언어가 바람에 뒤섞인다. 덜컹덜컹, 한없이 흔들린다. 가슴이 뛰기 시작하는 순간. 아빠가 내 앞니에 조심스레 실을 묶고 있을 때처럼 눈을 질끈 감아버린다.

여기는 하얼빈이다. 그 밤. 불 꺼진 버스 안에서 눈을 감는 순간, 비로소 보이기 시작했다. 눈을 뜨고 있는 동안 보지 못했던 무수한 풍광들이 온몸을 타고 들어왔다. 시각을 제외한 모든 감각이 부활했다. 입술을 타고 귓바퀴를 스쳐 무언가가 스며든다. 바람 냄새가 난다. 밤의 버스가 덜컹인다. 나는 눈먼 여행자. 겁이 나서 스스로를 어둠 속에 가두고 스스로에게 칼을 들이밀던, 나는 거리의 강도. 그간 아무것도 보지 못했구나. 불 꺼진 버스 안에서 조용히 눈을 뜬다.

애써 보지 않으려 했던 그 불편함 속에서 진짜 중국을 본다. 생각해보면 밤 버스에 불이 켜져 있는 것도, 창을 닫고 에어컨을 쐬는 것도 모두 어둠과 여름을 거스르는 일이었다. 애초에 전기를 쓸 필요가 없었던 곳이었다. 그러니까 미지근한 물도 실은 자연 상태에 가장 가까워지는 것뿐이었다. 이곳의 일상은 유순하고 매끄러운 것. 자연에 가까운 무엇. 있는 그대로의 중국이 나는 좋았다.

하지만 때가 너무 늦어버렸는지도 모른다. 나는 여기를 떠나야 하는 방문객이었다. 며칠 후면 다시 이곳의 일상을 떠나, 두고 왔던 그곳의 일상을 향해 가야 했다. 시원한 물과 발광하는 버스가 있는 곳으로. 이제 와서 내가 할 수 있는 일이라곤 불 꺼진 밤의 버스에서 한없이 덜컹이는 것뿐이었다.

중국을 떠올리면 느껴지던 회색. 살벌한 혹은 삭막한 기운이 감도는 회색 도시. 그건 두려움의 색, 편견의 색이었다. 눈먼 여행자에게만 주어진 색. 불 꺼진 버스에서 눈을 뜨며 슬며시 되물었다. 그런데, 회색이 아니라면? 이 물음을 던졌을 때 나는 비로소 여행과 생활 그 경계에 놓였다. 이제야 나는 여기에 있는데, 떠나야만 했다. 남은 5일은 북경에서 보내기로 했다. 송화강 근처에서 풍기던 물냄새, 달콤했던 체리의 맛, 기숙사 창에서 내다보던 학교 풍경 같은 것들이 이내 그리워졌다. 물론 빛이 소멸하던 밤 버스와 그 안으로 스미던 바람까지도. 떠나버리고 싶었던 불편한 일상을 통째로 사랑하게 된 탓에 나는 몸을 앓았다.

후통(胡同) 때문이었다. 중국말로 후통은 골목을 뜻한다. 그러니까 특별한 관광지가 아니라 그냥 사람들이 살고 있는 집과 집 사이의 길, 사람의 마을을 이른다. 북경 거리의 북적거림을 뒤로한 채, 빨려들듯 후통으로 들어섰다. 북경에 사람이 살고 있었다. 그건 몹시도 당연한 사실이었지만, 단 한 번도 인식하지 못했기에 당연하다고만은 할 수 없는 일이었다. 담과 담, 간판과 간판, 전깃줄과 전깃줄. 그 사이에 사람들이 살고 있다. 삶이 얽혀 있다.

이를테면 '일상'이라는 것이었다. 따끈따끈한 음식을 파는 당신. 이불 빨래를 내다 널고 있는 당신. 햇살이 좋아 아이들의 인형을 널어둔 당신. 땀이 배었을 신발을 내다 놓은 당신. 자전거를 잠시 세워두고 방에서 물건을 찾고 있는 당신. 바람이 잘 통하는 문을 열어둔 채 숨을 들이쉬는 당신. 무수한 당신의 오늘. 후통에서 그 순간을 들여다보게 된 것이다. 나는 얼마나 이기적인 방문객이었나. 거기에 있던 당신들의 일상을 두려워하고 오해했던 잔인한 방문객. 혐오하고 불편해했던 당신들의 일상. 그 지극한 일상의 아름다움.

여기 후통에서 다시 회색을 발견한다. 그러나 새카만 어둠에서 비롯된 색이 아니다. 두려움과 편견에서 비롯된 색도 아니다. 그 자체로 하나의 빛깔. 그들의 일상에서 비롯된, 끝도 없이 펼쳐진 스펙트럼 안에 존재하는 오롯한 빛깔이다. 그들의 일상이 세상의 모든 빛깔을 품고 있었다. 아, 아름답다. 후통 밖에서 나는 스스로를 어둠 속에 가두던 눈먼 여행자였고, 어둠 속에서는 그 모든 빛깔이 회색일 수밖에 없었던 것이다. 그뿐이었다.

중국에서 보낸 그 여름은 일상이었을까, 여행이었을까. 머무름이 길어지면서 일상이 되어버렸던 날들. 하지만 아무리 오랜 시간을 머물렀다고 해도 거기 그들의 일상을 오해하고 두려워했다면, 그곳에 살았던 것도 그곳을 여행했던 것도 아닐 것이다. 아무것도 보려 하지 않았던 시간 동안 우리는 차라리 거기에 없었던 것과 같다. 다행히 눈을 감고 모든 감각을 열어 그들의 일상을 담아올 수 있었다. 싸고 맛좋은 체리 때문에, 불 꺼진 밤 버스 때문에, 회색 빛깔의 후통 때문에. 그 지극한 일상이 온전히 스미었을 때, 여행은 시작되었다. 눈을 뜨고 보면, 일상과 여행은 다르지 않다. 그해 여름, 나는 하얼빈에 살았다.

김민채 / 한양대 국문학과를 졸업했다. 서울을 이루는 각각의 동네마다 숨어 있는 '이야기'를 찾아 『더 서울』이라는 책을 썼다. 북노마드 편집자로 아주 예쁜 시간을 보여주고 싶은 마음을 담아 책을 만들고 있다. 페이스북, 네이버 블로그 / shoot03star

어떤 날 032 / 033

그 지독한 일상이 온전히 스며었을 때.

여행은 시작되었다.

눈을 뜨고 보면,

일상과 여행은 다르지 않다.

그해 여름.

나는 하얼빈에 살았다.

여행이 가고 싶어질 때마다
바라나시를 생각한다

글·사진 ― 김소연

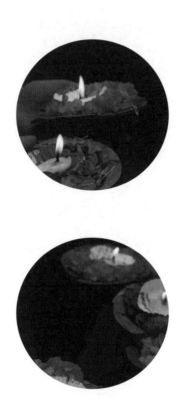

여기저기에서 욕설이 쏟아졌다. 누군간 고래고래 고함을 쳤고 누군간 신음처럼 조용히 욕설을 내뱉었다. 입김으로 창문이 뿌예지도록 나는 긴긴 한숨을 쉬었다. 새벽 여섯시에 도착해야 할 바라나시행 열차는 정오가 가까워도 도착할 생각이 없어 보였다. 침대칸에서 쿨쿨 자다 새벽 다섯시에 맞춰둔 손목시계 알람에 깨어나, 양치를 하고 침낭을 갰다. 배낭 정리를 끝마치고 침대를 번쩍 들어 의자로 바꾸어놓은 후에 단정히 앉아 있었다. 망부석처럼 앉아 있은 지 여섯 시간이 넘어가고 있었다.

　'무얼 상상해도 당신의 상상 그 이상일 것이다.'

여행책자에 실린 문장은 전혀 과장이 아니었다. 인도를 설명할 수 있는 최적의 문장이었다. 젠장. 인연이 닿으면 바라나시 역 앞에서 얼굴 한번 보자던, 그날 아침에 바라나시를 떠날 친구와의 약속은 이미 물 건너가 있었다. 플랫폼에서 만나 친구가 된 영국남자는 옆 칸에 누운 채로, 'hate! hate!' 기도하듯 읊조리고 있었다. 좋은 숙소를 고르기는 이미 글러버린 시간이었다.

밥 먹을 시간까지 아껴 릭샤를 잡아타고 곧장 숙소가 밀집돼 있다던 갠지스 강 쪽으로 달려갔다. 방 있냐는 내게 게스트하우스 리셉션을 지키던 사람은 모두 'full'이라고 대답했다. 비는 부슬부슬 내렸고 배낭은 무거웠다. 해가 질 때까지 방을 찾아 헤매다녔다. 비좁은 골목을 활개 치던 쥐새끼들보다 더 심한 몰골이 되어서야, 비싼 방을 겨우 얻을 수 있었다. 갠지스 강이 내려다보이는 깨끗한 호텔이었다. 젖은 옷을 벗어 우선 빨래를 했다. 뜨거운 물로 샤워를 했다. 그리고 기나긴 잠을 잤다.

정말로 기나긴 잠을 잤다. 감기몸살이 찾아와버린 거였다. 열이 심하게 끓었다. 나는 어쩔 기력도 없을 만큼 지쳐 있었다. 며칠을 계속 잠만 잤다. 내가 흘린 식은땀으로 침대시트가 흥건해져 한기가 다시 내 몸으로 돌아오는 걸 느끼면서도, 이불만 돌돌 말아 돌아누웠을 뿐이었다. 몸은 불덩이처럼 뜨거웠고, 갖고 있던 해열제를 아무리 먹어도 소용이 없었다. 계속계속 잠을 잤다. 방이 밝아왔다 다시 어두워지는 것을 몇 번쯤 느꼈을까. 창문 쪽으로부터 부스럭거리는 소리가 들려와 눈을 떴다. 원숭이가 창문 앞에 있다가 도망치듯 멀어졌다. 저만치서 나를 빤히 쳐다보고 있었다. 언제 가져갔는지, 창가에 빨아 널은 브래지어를 한 손으로 빙글빙글 돌리며 나를 쳐다보고 있었다. 비웃는 듯 야릇한 미소를 짓고 있었다. 고작 원숭이였고 고작 속옷 한 장이었지만, 커다란 서러움이 밀려왔다. 나도 모를 울음을 터트렸다. 나를 내내 지켜주던 참을성이 일순간에 와르르 무너져내렸다. 꺼이꺼이 울었다. 울면서 삭막하고 습습한 방을 둘러보았다. 매트리스에선 악취가 올라왔고 바닥에선 연미복을 입은 듯 꽁무니에 알주머니를 단, 엄지발가락만한 바퀴벌레 한 마리가 더듬이를 쫑긋거리고 있었다. 모든 게 지긋지긋했다. 방안에서 이렇게 문을 잠궈둔 채로 아프다가 내가 죽는다면, 아무도 나를 발견해주지 못할 것만 같았다. 온 힘을 내어 침대 바깥으로 빠져나왔다. 중정에 있는 카페로 걸어 나갔다. 사람들에게 발견될 수 있는 장소에서 아프든 죽든 하고 싶었다. 눈에 잘 띄는 가운데 테이블을 차지한 채 엎드려 다시 잠이 들었다. 등이 따뜻하다 못해 뜨거워 못 견딜 지경이 되었을 때에 눈을 떴다. 천천히 고개를 들었다. 허리를 펴 사방을 둘러보았다. 웨이터가 다가와 메뉴판을 내밀고 갔다. 열은 감쪽같이 사라져 있었다. 몸이 홀가분해져 있었다. 난간 쪽으로 걸어가 갠지스 강을 내려다보았다. 흙색 강물이 유유히 흘러가고 있었고, 까마귀 떼가 뿌연 하늘을 지저분하게 누비고 있었다.

이유 없이 된통 앓거나 된통 우는 일 따위는 언제 어디서고 가끔 겪는 일이므로 그 일을 나는 금세 잊고 지냈다. 그때를 회상할 때마다 웃음만 나왔다. 몸살을 앓던 그 방의 습기와 남은 잠을 더 자던 카페에서의 뜨거운 온도 같은 게 떠오를 때면, 신비를 겪은 사람처럼 은밀하게 미소를 지었다. 어째서 아팠을까보다는 어째서 나을 수 있었을까에 대해 신기해했다. 햇볕의 보송보송함이 고맙고 고마웠다. 인도의 작열하는 태양을 이해하기 시작했다.

*

그 이후에도, 하루하루 크든 작든 사건이 지나갔다. 여행자들 사이에서 번졌던 수인성 전염병. 보드가야로 이동한 후에 들려왔던, 보드가야 관문에서 벌어졌던 폭탄 테러. 직접 목격했거나 전해 듣거나 했던 수많은 사고들. 나는 지갑을 잃어버렸고, 강도에게 쫓겼고, 택시는 한밤중에 거지들이 밀집한 슬럼가에 나를 내려놓고 가버렸고, 거지들은 배낭을 벗기며 달라붙었고, 길거리 음식을 잘못 사먹고서 배탈에 오래 시달렸고, 다가와 운명을 점쳐주던 수도승에게까지 사기를 당했다. 누군가 엉덩이를 만지고 도망쳤던 일, 릭샤 한번 탈 때마다 고달프게 흥정을 했고 더러는 싸우기도 했던 일, 화장실 갈 일이 막막해 밤새 물 한모금 입에 대지 않고 참고 참으며 고속버스를 탔던 일, 그 버스 안 여자승객은 나 하나뿐이어서 모든 인도남자들이 그 큰 눈으로 밤새 나만 쳐다보고 있었던 일, 그때 모국어로 발음하는 노래를 귀에 꽂고 공포를 외면했던 일, 이 노래를 부르는 이가 지금 내 곁에 있는 내 친구라 애써 상상해보던 일. 이 모든 일들에 질려 울음을 터트리던 어린 여행자들을 다독여주던 일…….

그래도 나는 무탈했다. 행복했던 적도 많았다. 우다이푸르를 떠날 때 비닐봉지에 과자며 과일을 챙겨 버스에서 먹으라고 건네주던 머리가 길었던 여자애, 산을 오를 때 힘이 딸려 헉헉대던 내게 다가와 배낭을

대신 들어주던 남자애, 멋지게 갈기갈기 찢어진 내 여름용 청바지를 모두 꿰매어놓고 자랑스레 씨익 웃던 세탁소 아저씨, 함께 공기놀이를 하며 깔깔대며 놀던 일곱 남매들, 내게 세밀화를 가르쳐준 화가네 식구들, 흔하고 달았던 과일들, 손으로 찢어먹던 짜파티, '차이차이-' 하며 지나가는 짜이장수에게 1루피로 받아먹던 뜨끈한 짜이 한 잔, 목이 마를 때마다 꿀꺽꿀꺽 마셔댔던 라씨.

*

집에 돌아갈 날짜를 기다리고 있었다. 심심할 때면 카페에 가서 물담배를 피웠다. 저녁이면 영화관에 가서 시간을 때웠다. 영화 막간에 갑작스레 덩실덩실 춤을 추는 인도 사람들과 함께 인도 영화를 보면서. 영화를 함께 보러간 사람들과 약속을 했다. 누군가 새벽 수산시장에 가자고 제안했고, 나는 기쁘게 그러마 했다. 인도의 마지막 인상을 새벽의 시장 풍경으로 남기고 싶었다. 그러나 나는 늦잠을 자느라 약속을 지키지 못했다. 약속했던 사람들이 방문을 두드리며 내 이름을 부르는 소리가 희미하게 들렸지만 나는 잠에 붙들려 있었다. 물고기를 가득 싣고 들어오는 어선들의 새벽 풍경을 못 보게 된 걸 아쉬워하며 바깥으로 나왔을 때, 게스트하우스 주인장은 나에게 행운아라 말했다. 새벽의 그곳에선 폭탄 테러가 일어났고 많은 사람이 죽거나 다쳤다면서. 전날 밤 함께 약속하며 즐거워했던 사람들 중 몇 명도 그때 그곳에서 죽었고 다쳤다.

*

몇 년 후, 다시 인도에 가게 되었다. 한번쯤은 가보고 싶지만 혼자서는 엄두가 안 나서 인도여행을 실천하지 못하고 있던 친구가 동행했다. 뜻대로 되지 않는 일들에 조마조마해질 때마다, 처음 인도를 겪는 친구는 많이 힘들어했다. 그가 고충을 말해올 때마다 '인도는 그 재미인 거야'라며, 나는 조금쯤 으스대며 그를 다독여주었다. 너무 낙후된 마을에서 지내게 될 즈음에 친구의 상태는 미안할 정도에 이르렀다. 우리는 날짜를 당겨 돌아가기로 결정했다. 그러곤 집으로 돌아가기 위해 뭄바이행 침대버스에 올랐다. 커튼이 드리워진 침대칸에 누워 차창 밖을 내다보았다. 비교적 수월했던 여행의 장면들을 아름답게 음미하다 잠이 들었다.

아침햇살을 느끼며 잠에서 깼을 때였다. 차창 밖으로 잘 차려입은 출근객들을 한가득 싣고 지나가는 버스가 눈에 들어왔다.

'아직 내가 인도에 있나봐…….'

꿈속에서 나는 혼자 인도를 여행했고, 다사다난한 모든 나쁜 일들만 골라 겪었으며, 그러다 무사히 집으로 돌아가 배낭을 현관 앞에 내려놓고 있었다. 집에 돌아간 걸 기뻐하고 안도할 타이밍에 잠에서 깨어나버렸다. 그때 창 바깥으로 인도사람들의 얼굴을 보았던 거였다. 그 순간, 모든 것을 헷갈려했다. 혼자 인도를 여행하던 몇 년 전의 어떤 하루에 내가 놓여 있는 줄로만 알았다. 얼마나 오래 혼자 인도를 떠돌고 다녔는지 생각이 나질 않아 어리둥절해했다. 집으로 돌아갈 날짜가 아득하게 느껴져서 심란했다. 다친 데도 아픈 데도 없이 무사하단 사실이 되레 꿈같았다. 조금만 더 견디면 집으로 돌아갈 수 있다며 나를 달랬다. 돌아가 반가운 가족들 친구들을 만날 생각에 어금니를 꽉 깨물었다. 몇 분 후, 비로소 잠에서 온전히 깨어났을 때, 지금 이 여행은 혼자가 아니란 사실이 퍼뜩 떠올랐다. 바로 옆 칸에 친구가 있다는 걸 깨달았다. 혹시나 싶어, 일어나 몸을 빼내어 옆 칸의 커튼을 살짝 들

췌보았다. 친구가 거기 있었다. 곤히 잠든 해맑은 얼굴을 하고 있었다. 그 얼굴이 너무 좋았다. 감당하기 벅찰 정도의 안도감이 밀려왔다. 다시 침낭 속에 누워 빙그레 웃었다. 그러곤 이내 울기 시작했다. 누군가가 곁에 있다는 안도감 때문에 나오는 울음이었을지, 몇 년 전의 고행을 몇 년 내내 참아오다 그제서야 뒤늦게 터트린 울음이었을지는 알수 없지만, 아무튼 길고 길게 흐느껴 울었다. 몇 번이고 가슴을 쓸어내렸다. 지금 이게 혼자 하는 여행이 아니라는 사실이 신의 축복처럼 따스하고 안온하게 여겨졌다.

＊

언젠가부터 여행이 너무나 가고 싶어질 때마다 나는 바라나시를 생각한다. 카리브, 지중해, 오키나와, 산토리니, 쿠바⋯⋯를 떠올리다 마지막에선 바라나시를 생각한다. 죽음을 목전에 둔 사람들의 장례식이 연일 이어지던 그곳, 곳곳에서 타다 만 시체를 싣고 돌아오던 뗏목들, 뗏목에 코를 킁킁대며 다가가던 들개들, 윤회를 끊고자 죽음을 목전에 두고서 모여든, 늙거나 병든 힌두사람들. 그 더러운 강물에서 도를 닦

고 빨래를 하고 수영을 하던 천진한 얼굴들. 그 풍경을 그리워하며 모여든 수많은 별별 여행자들. 하루종일 연을 날리며 그림엽서 같은 풍경을 만들다 돌연 손을 내밀어 돈을 달라던 아이들. 폭 90센티미터도 안 될 구불구불한 골목들이 미로처럼 뻗어 있는 곳에서 생계를 만들며 살아가던, 가난한 바라나시 사람들. 그 골목을 주인처럼 누비는 히피들.

여행이 너무나 가고 싶어질 때마다 나는 떠올린다. 바라나시에 도착한 첫날에 만났던 러시아 아가씨의, 오물에 다름없는 빗물을 쓸며 계단을 내려가던 더럽고 긴 치맛자락을 떠올린다. 그 모든 그림 같은 풍경이 사실은 얼마나 고약했고 심란했는지를 기억해낸다. 거기서 내가 혼자서 얼마나 앓았는지를 생각한다. 이 생각을 하고 나면 여행에 대한 열망이 조금 누그러진다. 내 방과 내 침대의 보송보송함에 감사하게 된다. 입에 맞는 음식들이 가득한 우리 동네에도 감사하게 된다. 흥정이 필요 없는 정찰제에 대해서마저도 감사하게 된다. 디아(꽃잎 초. 불을 켜 갠지스 강에 띄워 소원을 빈다)를 강물에 띄우며, 이 갠지스 강물이 깨끗해지기를 꼭 기도하자고, 다른 개별적인 소원은 빌지 말자고 결의하던 여행자들을 생각한다. 그들과 함께 탔던 새벽 보트를 생각한다. 그러다가 생각해본다.

'만약, 지금쯤 바라나시를 다시 간다면 꿈꿨던 대로 시타르를 배우며 몇 달 즈음을 지낼 수 있을까.'

지낼 수 있을 것만 같아진다.

김소연 / 1967년 경주에서 태어났다. 시집 『극에 달하다』와 『빛들의 피곤이 밤을 끌어당긴다』『눈물이라는 뼈』, 산문집 『마음사전』과 『시옷의 세계』 등이 있다. 제10회 노작문학상과 제57회 현대문학상을 수상했다.

친구가 거기 있었다.

곤히 잠든 해맑은 얼굴을 하고 있었다.

그 얼굴이 너무 좋았다.

감당하기 벅찰 정도의 안도감이 밀려왔다.

다시 침낭 속에 누워 빙그레 웃었다.

부치지 못할 편지를 쓰기 위해 떠납니다

글·사진_김슬기

안녕. 잘 지냈나요.

당신의 이름을 불러보려다 왠지 부끄러워져 지워버리고 맙니다. 언제부터 이
말에 이물감이 스며든 걸까요. 이 편지를 결코 부치지 못하리라는 걸 압니다.
당신에게 가서 닿지 않으리라는 걸 알기에, 겨우 용기를 내 나의 앙상한 말들
을 손가락으로 꾹꾹 눌러써봅니다.

공항으로 향하는 기차가 안개를 뚫고 나아갑니다. 시간이 멈추었다고 생각했
는데, 난 늘 같은 시간을 맴돌고 있었다고 주문을 외웠는데, 새벽안개 너머로
여린 순들이 보입니다. 내 생애 가장 혹독한 겨울도 이렇게 흔적도 없이 지나
가버렸습니다.

햇살마저 아득히 싱그러운 계절, 당신은 나에게로 왔습니다. 아무런 예고도 없
이, 당신도 모르는 사이에, 나도 모르는 사이에. 형체를 알 수 없던 사랑은 점차
단단해지고, 거대한 성채를 쌓았습니다. 거역할 수 없었습니다. 나는 매일 밤
당신의 하루를 그려보며 잠들었고, 매일 아침 당신의 또다른 하루를 궁금해하
며 일어났습니다.

세 번의 계절이 흘러갔고, 당신과 나는 멀어졌습니다. 그 성채는 작은 균열로 허물어져버렸습니다. 흩어진 벽돌 더미 위로는 그 어떤 말도 무용했습니다. 약속의 말과 참회의 말은 아무런 힘이 없었습니다. 마치 백일몽이었던 것처럼. 당신이 남겨준 추억과 감각조차 아직 생생한데 다시 잡을 수가 없어져버렸습니다. 무수히 많은 길 위에 지문이 남아 있었습니다. 함께 걸었던, 밟았던 길. 함께 시간을 소각했던 길 위의 기억들이 나를 괴롭힙니다. 그래서 떠나기로 했습니다. 여행은 늘 풀리지 않는 질문의 해답을 알려주었으니까요. 낯선 도시의 이방인이 되고 싶었습니다. 한 조각의 추억도 남아 있지 않는 곳이라면 가능할 거라 믿었습니다.

때마침 4월 1일이었습니다. 실없는 농담을 듣고서야 오래된 이날의 풍습을 떠올렸습니다. 이런 생각이 났습니다. 당신이 나에게 거짓말이라도 해주었으면. 충동적으로 티켓을 끊었습니다. 떨어지는 벚꽃을 보러 가기로 했습니다.

다시 홀로 짐을 꾸렸습니다. 지난여름의 끝자락. 베를린으로 떠난 적이 있었습니다. 혼자였습니다. 혼자 떠나는 여행이 낯설지는 않았지만, 그 순간만큼은 지독하게 외로웠습니다. 당신과 함께하지 못했으니까요. 매일 새벽까지 편지를 쓴 뒤에야 겨우 쪽잠에 들었습니다. 내가 보고 들은 것, 느끼고 생각한 것, 쓸쓸함도, 외로움도, 바다 건너 당신에게 실어 보내고 싶었습니다. 하고 싶은 말이 너무나 많았습니다. 들려주고 싶은 말이 너무나 많았습니다. 그 밤의 속살거림이 좋았습니다. 그러자 혼자인 발걸음이 두렵지 않게 되었습니다. 이병률 시인이 말한 적이 있습니다. "혼자 떠났지만, 난 늘 그 사람과 함께 여행을 하곤 했어요." 당신도 나와 함께였습니다. 여름휴가를 유럽의 미술관을 둘러보

는 데 쏟아부으려는 나의 얄궂은 취향을 나무라지 않고, 묵묵히 떠나보내주는 당신이 고마웠습니다. 나는 편지를 읽는 당신의 미소를 그려보곤 했습니다. 그것만으로도 고마웠습니다.

이번에는 달랐습니다. 텅 빈 마음만을 가지고 떠나야 했습니다. 지독하게 아름다운 무언가가 보고 싶었습니다. 왜 하필 동경의 벚꽃이었을까요. 겨울이 지나갔다는 선언을 누군가 나에게 해주길 원했던 거겠죠. 세 번의 낮과 두 번의 밤뿐이었습니다. 나에게 허락된 시간은 짧았습니다. 이 시간 동안 당신을 비워버릴 수 있는 걸까요. 어떻게 하면 되는 걸까요. 그럼 무엇을 다시 채워야 하는 걸까요. 수백 가지 질문을 품고서 짐을 꾸렸습니다.

동경은 완연한 봄이었습니다. 어깨를 움츠리지 않아도 좋을 만큼 포근한 기온이 반가웠지만, 그것은 비극의 예고였습니다. 야속하게도 벚꽃은 흔적만 남아있었습니다. 잔뜩 찌푸린 하늘이 나를 맞았고, 평년보다 일주일이나 빨리 피었다던 봄의 전령사는 거짓말같이 도망가버렸습니다. 우에노 공원을 걸었습니다. 불과 며칠 전만 해도 사람들이 축복처럼 봄의 절정을 즐겼을 그곳은 황량해져 있었습니다.

후두둑, 비가 내리기 시작했습니다. 공원 안의 오래된 절로 발길을 옮겼습니다. 빗방울이 사당의 적요를 깨뜨리며 쏟아졌습니다. 많은 이들이 향을 피우며 소원을 빌었을 그곳엔 아무런 기척도 없었습니다. 누군가 소원을 적어놓은 하얀 종이들만 새끼줄에 빼곡하게 매달려 있었습니다. 거대한 나무에 매달려 마지막 안간힘을 쓰며 버티던 마지막 벚꽃 잎마저 떨어지기 시작했습니다. 어찌

할 수 없는 순간이었습니다. 꽃은 비와 하나가 된 것처럼 애처롭게, 쓸쓸하게 쏟아져내렸습니다. 발아래는 꽃잎이 패잔병처럼 펼쳐져 있었고, 나는 고개를 가이없이 들어보았습니다. 마지막 인사처럼, 나만을 위해 떨어지는 하얀 꽃잎을 보았습니다. 아, 하고 나직한 탄식이 터져나왔습니다.

빗방울은 이내 약해졌습니다. 비를 맞으며 나는 우산을 쓴 인파 사이를 걸어나갔습니다. 무슨 생각을 하는지 알 수 없는 표정들, 미묘하게 다른 옷차림들. 너나할 것 없이 종종거리는 그 날랜 발걸음 속에 나의 걸음만은 속도가 달랐습니다. 급할 것이 없었으니까요. 그렇게 나는 그들과 다른 이방인이 되었습니다.

낯선 도시를 어슬렁거렸습니다. 길눈이 유난히 어두워 타지에서는 지하철을 타는 것조차 두려운 나는 정처 없이 걸어야 했습니다. 비를 맞고 길을 잃어버린 고양이처럼. 그렇게 애처롭게. 어둠이 내려앉자, 이 도시는 숨겨둔 옷을 꺼내 입었습니다. 읽을 수 없는 간판들, 요란한 네온사인들, 그리고 알아듣지 못하는 나에게 말을 거는 낯선 언어들. 우스꽝스럽기도 하고, 신비스럽기도 한 그런 모습들. 그때 문득 소피아 코폴라의 영화가 떠오른 건 왜일까요. 이 도시의 첫인상은 〈사랑도 통역이 되나요?〉에서 스칼렛 요한슨이 보았음직한 그런 생경함이었습니다. 횡단보도 앞에 서 있는 나의 눈앞에 거대한 전광판이 움직였습니다. 물론 공룡이 걸어가는 모습은 아니었지만요.

영화에서 빌 머레이와 스칼렛 요한슨은 불면의 밤을 이런저런 소일거리를 함께하며 이겨냅니다. 클럽에서 새 친구들을 만들어보기도, 요상한 음식을 먹는데 도전해보기도 하면서. 두 사람은 그러곤 방에서 함께 페데리코 펠리니의 〈달콤한 인생〉을 보았죠. 낯설기만 한 그 도시의 밤을 안주 삼아 술잔을 부딪치면서 말이에요. 지중해의 뜨거운 여름 아래 한 남자의 허무한 일탈을 보여주던 그 오래된 이탈리아 영화를 보며 그들은 무슨 생각을 했을까요. 해피엔딩을 기약할 수는 없지만, 지금 당장, 이 순간, 마음이 가는 곳으로 움직여야 한다고 느끼지 않았을까요. 여행은 그런 것이니까요. 일탈을 가능하게 해주는 것이니까요. 내가 아닌 내가 되어도 용서받을 수 있을 것 같은 공간에 불시착한 것이니까요.

낯선 나라로의 여행은 아니지만 〈누구의 딸도 아닌 해원〉에서 정은채의 쓸쓸한 모습도 떠올랐습니다. 두 여인의 공통점이 뭔지 아나요? 요즘은 아무도 입지 않을 것 같은 헐렁한 바지를 입고서 혼자만 다른 공기를 마시는 사람처럼 도시를 어슬렁거린다는 거죠. 누군가 자신을 보아주길 바라며, 갑자기 기적이 일어나길 바라며. 나의 마음도 그런 게 아니었나 싶어요. 그들은 무언가에 갈급한 듯했지만, 결국 누구도 해답을 주진 못했어요. 나도 아마 그런 표정으로 이곳저곳을 헤맸을 것입니다.

돌이켜보면 나는 심통난 소년 같았어요. 어울리지 않게 말이죠. 당신 앞에서만은 늘 투덜거리곤 했었죠. 당신 그대로를 받아들이지 못하고, 내가 원하는 당신을 투사해보곤 했었습니다. 그래서 사소한 오해는 작은 균열을 만들었고, 그렇게 돌이킬 수 없는 결과를 불러왔습니다. 나는 후회했지만 후회할 방법을 몰랐고, 돌이키고 싶었지만 돌이킬 방법을 몰랐습니다. 슬픔의 근원은 마르지 않았습니다. 외로움은 익숙해지지 않았습니다. 당신이 없는 일요일은 결코 나에게 친절해지지 않았습니다. 어쩔 수 없을 만큼 괴로운 불면의 밤만이 남았습니다. 그러면서도 내 잘못을 되돌릴 용기를 내지는 못했습니다. 그저 꿈이기만을 바랐죠. 환각을 쫓는 나비처럼. 당신을 생각하다 지쳐 잠드는 날은 셀 수 없을 만큼 늘어만 갔습니다.

이튿날, 찾아온 햇살이 얼마나 고마웠는지 모릅니다. 말끔하게 갠 도시는 그제야 맨 얼굴을 드러냈습니다. 어젯밤 거세게 내리치던 비바람은 언제 그랬냐는 듯 사라져버렸습니다. 신주쿠교엔. 아주 오래된, 일본식 정원풍으로 꾸며진 공원을 찾았습니다. 다행히 먼저 도망간 벚꽃들의 뒤를 따르지 못한 조금 뒤처진 녀석들이 남아 있었습니다. 꽃의 색깔이 그렇게 다양하리라 생각도 못했습니다. 75종에 달하는 벚꽃나무. 숨이 탁 트이는 넓은 잔디밭에 벚꽃이 만개한 모습을 그려보세요. 초록의 나뭇잎 속의 꽃잎들. 티 없는 하양, 붉음을 머금은 하양, 주황을 껴안은 하양, 노랑을 슬며시 붙잡은 하양의 그 화사한 표정으로 언제 숨어 있었냐는 듯 흐드러져 있었습니다. 이곳 사람들은 말이죠. 자기만의 그림자를 소유하려 합니다. 동그랗게 소나무가 만든 그림자 안에서 도시락을 먹고, 누워서 하늘을 보고, 이야기를 나눕니다. 하지만 자신들만의 원에서만요.

다른 이들은 침범하지 않습니다. 수줍게 공유하는 약속처럼. 도시락을 나눠 먹는 연인을 보았습니다. 서로에게 몸을 기댑니다. 아주 대견해 보였어요. 그들의 대화를 궁리해보기도 했습니다. 〈만추〉의 한 장면처럼 복화술을 해보면서. "꽃이 아주 예쁘다" "지금이 영원했으면 좋겠어" "나는 당신과 함께라면 아무래도 좋은 걸"

사위가 고요합니다. 숲길 속으로 몇 걸음 발을 옮기니 오백 년은 됨직한 플라타너스가 드리워진 깊은 그늘이 있었습니다. 조용히 앉아서 눈을 감아봅니다. 바람이 불어옵니다. 나뭇잎이 흔들립니다. 그들은 만나서 소리를 만들어냅니다. 사라라락, 바람의 소리입니다. 이런 평화로운 월요일을 맞이했던 게 언제였을까, 나에게 물어봅니다. 여행을 떠나는 이유는 바로 이런 것 때문이겠죠. 나를 둘러싸고 있던 익숙한 풍경에서 벗어나는 것만으로 나를 에워싸고 있던 허물을 벗어던질 수 있기에. 어깨를 짓누르는 고민으로부터 벗어날 수 있기에. 그렇게 나는 낯선 곳에서 나를 잊어버릴 수 있었습니다.

하지만 지워버릴 수 없는 것이 있었습니다. 여전히 나는 당신을 잊어버리는 방법을 발견하지 못했습니다. 내 눈물을 닦아줄 사람을 찾아내지 못했습니다. 사랑, 이라는 단어를 생각해봅니다. 내가 주어가 아니라면 아무런 의미도 없는 그 말. 당신과 내가 영원히 달라질 수 있을 거라 믿게 해준 그 말. 그래서 발화하는 순간 물거품처럼 사라질 것만 같은 그 말. 숨 쉬는 것처럼 그만둘 수 없지만, 늘 두렵기만 한 그 말을 떠올리며, 당신과 나의 책장을 생각했습니다. 나는 늘 당신에게 책을 선물하곤 했습니다. 내가 골라준 책을 함께 읽으며 많은 밤을 흘려보냈습니다. 당신에게 선물한 마지막 책은 김소연의 『마음사전』이었습니다. 유난히 잊히지 않는 문장이 있었습니다.

올가미: 태양열이 유리벽을 한번 뚫고 들어오면 다시 나가지 않고 덫에 걸린다는 사실에 착안하여 온실이 발명됐다. 그런 온실이 나에게도 있다. 이미 서로 유리벽을 꿰뚫고 직진해서 서로에게 들어간 후, 이별이 진행되고 있다 하더라도 그것은 이별이 아니다. 서로의 올가미 속에서 잠깐의 휴식을 취하고 있을 뿐. 당신은 이미 빠져나가고 없지만 당신이 이미 들어왔던 여기에서 나는 따뜻하다.

그래요, 당신. 눈을 동그랗게 뜨고 나에게 말을 걸어주던 당신이 그립습니다. 여행에서 돌아가면 나는 다시 용기를 내 전화를 걸어보기로 했습니다. 맞아요. 나는 겁쟁이입니다. 하지만 당신이 없는 시간을 견디지 못하는 사람입니다. 다행히 밤공기를 마셔도 두렵지 않은 봄날이니까요. 비가 내려도 더이상 쓸쓸하지 않은 봄날이니까요. 다시 찬란한 봄날은 돌아왔습니다. 당신과 나의 시간은 다시 흐를 것입니다.

안녕, 당신의 겨울은 어땠나요.

김슬기 / 1983년 상주에서 태어났다. 대학에서 영문학을 전공했고, 대학원에서 현대미술을 공부하고 있다. 2008년부터 매일경제신문 문화부에 있다. 대중문화, 공연에 이어 지금은 문학 기사를 쓴다. 예술가들의 눈부신 재능을 경외하고, 찬탄하고, 절망하며 늘 힘겹게 기사를 토해낸다.

조용히 앉아서 눈을 감아봅니다.

바람이 불어옵니다.

나뭇잎이 흔들립니다.

그들은 만나서 소리를 만들어냅니다.

사라라라, 바람의 소리입니다.

돌
아 ·
가
다

글 · 사
진 ─ 나
도
원

오남저수지

참새들은 아침마다 소란스러운 조회를 열었다. 너무 흔해서 자기들이 얼마나 귀엽게 생겼는지 모르게 만들었던 그들은 서로에게 간밤의 안녕을 묻고 그날의 일정에 관하여 제각각 수다를 떨었다. 벌레와 날알을 공포로 몰고 갔을 참새들의 집회는 이제 거의 열리지 않는다. 아마 이 동네에도 참새들이 시끄럽게 떠들며 출근하던 아침이 있었을 것이다. 몇 마리의 참새만이 사라져가는 것들의 또다른 대변자인 전신주에 들러 길을 찾곤 할 뿐이다.

저수지에도 참새는 흔치 않다. 대신 찔레꽃 줄기에 앉아 있다 도망치는 화려한 빛깔의 작고 귀여운 새들과 수풀에서 날아오르는 꿩이 적막함을 깨운다. 저수지까지 올라오는 일은 드물지만 주변 논과 개천에서 생업에 열중하는 백로들이 이따금 눈에 띈다. 외로워 보이긴 해도 다른 야생동물들도 심심찮게 등장한다. 사람들이 두려워하는 것과 달리 겁 많고 내성적인 뱀과 맞닥뜨리기도 하고, 나뭇가지 위에서 부산 떠는 다람쥐와 청설모를 훔쳐볼 기회를 얻기도 한다. 가끔은 그들의 마을에 방문 허가증도 없이 불쑥 찾아와 일상을 번거롭게 만든 불청객이라도 된 것 같아 미안해질 정도다.

반면 철새들에게는 덜 미안한 편인데, 왜냐하면 그들이야말로 방문자들이기 때문이다. 그중에서 단연 돋보이는 손님은 하절기에 가늘고 긴 목을 내밀고 큰 날개를 점잖게 흔들며 아무렇잖게 저수지를 오가는 녀석이다. 날갯짓 몇 번으로 저수지를 종횡하는 그는 부메랑처럼 구부러진 저수지의 중간 부분에 떠 있는 작은 바위에 다리를 슬쩍 올려놓고 쉬다가 다시 반대편으로 유유히 건너가곤 한다. 그 기품 있는 새의 이름은 짐작만 하고 있지만, 조류가 10만 종에 달한다는 사실을 생각하면 그다지 부끄러워할 일은 아니다. 그러다가 얼음이 얼어 사람들이 상류 부근에서 얼음낚시를 하고 썰매를 타는 계절에는 시베리아에서 온 겨울오리들이 떼를 지어 저수지를 차지한다. 대체로 심심해 보이지만 조를 짜서 물 위를 산보하거나 얼음 위에 열을 맞춰 쪼그리고 앉아 있는 꼴은 귀엽기까지 하다.

철마산과 천마산의 끝자락을 좌우 벽으로 삼고 있는 오남저수지는 두 줄기의 계곡물을 담아낸다. 이 지역은 지대가 비교적 높은 편이어서 비라도 내리는 날에는 먹구름이 바로 저만치 산에 걸려 물을 뿌리는 광경을 볼 수 있다. 중간이 휘어진 고대의 뿔피리 모양인 저수지에서 피어오른 물안개가 천천히 둑을 타고 넘어오는 여름 새벽을 직접 보지 않고는 그 어떤 판타지 화가의 그림이나 영화 못지않게 신비롭다는 말을 이해하기 힘들 것이다. 또, 한적한 저수지에서 나뭇가지를 파라솔 삼아 흰 용 같은 천을 늘어뜨리며 느리게 지나가는 비행기를 보는 시간은 평화 그 자체에 가깝다. 시간은 그렇게 다른 속도로, 다른 방향으로 흐른다. 누가 보거나 듣거나 하지 않아도 저수지의 잎사귀들은 바람에 소리를 내고, 물속에 들어앉은 산은 소리 없이 출렁인다.

도시 속에 산책을 위한 공원이 많이 조성되면 될수록 도시인이 자연과 멀어졌다는 사실만 증명되고 있다. 신발에 묻은 흙을 털어내는 수고를 던 대신 시커먼 먼지를 닦아내는 일과를 얻었다. 이 저수지 역시 꽤 변했고, 큰 건물이 들어선 만큼 키는 작아졌다. 소나무 아래에서 바람을 맞으며 술 한 잔 할 수 있는 카페는 분주해졌고, 동서 문명의 대리전이라도 벌일 듯 건너편에는 유럽형 건물들이 들어섰다. 공원화사업 때문에 산책과 사색을 위한 장소가 아니라 운동과 건강을 위한 공원이 되었다. 혹여 누군가 이 글에 적힌 풍경을 뒤늦게 확인하러 찾아온다면, 그가 발견할 수 있는 건 그저 고요의 흔적뿐이다. 여름에 목부터 다리까지 긴 새가 찾아와 행여 중간에 쉬어가던 바위를 찾지 못하게 되지 않을까 걱정이다. 겨울오리들을 보지 못하는 일이 벌어진다면 섭섭함은 배가 될 것이다. 지금도 그들이 문자를 배우지 않았다는 사실에 감사하긴 하다. 근처에 붙어 있는 노란 간판엔 '겨울오리들을 환영합니다' 대신 '단호박오리'라고 적혀 있었으니까.

항상 남북을 가리키는 나침반이라는 물건이나 꺾인 채로 땅 아래 호수를 향해 몸을 구부리는 나뭇가지는 여전히 신비롭게 보인다. 이 저수지에게도 사람들이 선뜻 믿지 못하는 비밀이 있다. 잘 믿지 못한다고 해서 대단한 비밀이란 얘긴 아니지만, 그 이야기를 몇 사람에게 했을 때 하나같이 믿지 못하겠다는 얼굴을 보여줬다는 것은 사실이다. 의아해하면서 열심히 설명을 했지만, 내 표정과 말투가 진지해질수록 점점 더 믿지 못하겠다는 얼굴이었다.

저수지 바닥에 작은 동네가 있다. 대부분의 저수지가 처음부터 저수지가 아니었던 것처럼 오남저수지도 농수 확보와 호우 대비를 목적으로 만들어졌다. 지금 저수지의 양편에 있는 길들 역시 예전에는 샛길이었거나 그냥 산허리였다. 적당한 골짜기에 둑을 쌓아 물을 가두자 길과 민가가 바닥으로 가라앉았다. 농번기나 가뭄 때에 수위가 낮아지면 상류 부근에는 작은 시골 다리가 드러나기도 한다. 그 다리는 자기 다리 아래로 흐르는 작은 개울이 자신을 덮치리라곤 예상하지 못했을 것이다.

수중탐사를 통해 저수지에 잠긴 집과 길을 살펴보고 증거가 될 만한 사진을 찍어올 생각을 하기도 했다. 별다른 쓸모는 없겠지만 몇 점의 유물을 발견할 테고, 새로운 토착민들이 마을 터를 집으로 삼고 살아가는 광경을 목격할지도 모르기 때문이다. 길과 집이 잠기고 물길은 막힌 곳에 새로운 생명체들을 위한 더 넓은 세계가 생겨났다. 하지만 이 원대한 탐사 계획은 여러 이유로 상상을 즐기는 선에서 종결되었다.

아무것도 하지 않고 거대한 예술의 일부가 되는 방법이 있다. 낮과 달리 물로 가득 찬 하늘을 볼 수는 없지만, 저수지의 밤은 그런 경험을 제공한다. 인터넷에 접속해 블로그에 싱거운 댓글을 달지 못하고, 방울이 달린 모자를 파는 가게를 찾을 수 없으며, 헬스클럽도 없다. 그러나 덕분에 뭔가에 마음 졸이지 않아도 되고, 점원의 시선을 의식하지 않아도 되며, 자가용을 몰고 헬스클럽까지 가서 러닝머신 위를 달리는 기이한 행동을 할 필요가 없다. 어떤 사람들은 이런 기이함에서 탈출하고자 집에 러닝머신을 들여놓는다. 그리고 얼마 후, 소파에 비스듬히 누워 빨래건조대로 짧은 생을 마감한 러닝머신의 참극을 관람한다.

달빛 일렁이는 저수지는 생각처럼 어둡지 않다. 고맙게도 달은 공휴일에도 쉬지 않으며, 보름달이라도 뜨는 날엔 도시의 밤거리보다 밝아진다. 지상에 살다보니 생각하기 힘들지만, 물속에서도 달은 보인다. 수중생물들 역시 가끔 달을 보며 싱숭생숭해하는 것이다. 상류 부근을 동반자와 걸어 건너다가 그 어떤 사진으로도 담아낼 수 없는 원시의 달빛과 마주한 적이 있다. 천마산 정상의 산봉우리들 위에 떠오른 거대한 보름달은 우리를 카스파르 다비드 프리드리히(Casper David Friedrich)의 그림에 등장하는 인물들로 점찍었다. 그때 시간은 가던 길을 멈추었고, 우리가 걸음을 이어가자 비로소 다시 흐르기 시작했다.

시간이 녹아 사라지는 밤에 마음은 비워지고 채워지면서 넓어진다. 이런 밤에 잠들어 있던 무엇이 눈을 뜬다. 잔소리 없는 생명들 속에 둘러싸이면 가본 적 없는 고향의 품에 안긴 듯 포근했고, 충분한 시간이 주어졌다. 이따금 개구리가 물에 첨벙 뛰어들어 여기가 어디인지 알려줬을 뿐이다. 그때 반딧불이 마실 나왔다. 하늘을 올려보다 별빛과 반딧불이 둥근 하늘에서 겹쳐질 때 별빛은 전혀 쓸쓸해 보이지 않았다. 보석처럼 빛나는 별이란 사치스러운 수사는 격에 맞지 않는다. 별들은 불쾌해하고 있을지 모른다. 별처럼 빛나는 보석은? 돌멩이는 과분한 찬사에 미안해할 것이다. 이런 생각을 마무리하기 전에 반딧불은 사라졌다.

밤의 숲에서 울리는 소쩍새의 울음은 육신을 정화시킨다. 아무도 없는 놀이터의 그네소리 같아 무섭게 들린 적 있는 호랑지빠귀의 휘파람은 메아리를 타고 퍼져 나간다. 춘천에 있는 중도에서 모자에 버들강아지를 꽂고 엿들었던 "꾸우 꾸우 꾹꾹"의 주인공인 멧비둘기는 여기에서도 제법 열심히 울어댄다. 그곳에서 까치들의 의사소통 방식을 연구해보기도 했다. 자세히 들어보면 까치들은 소리를 내는 횟수가 상황에 따라 다르다. 그렇게 의사소통을 하는 것 같다는 가설을 세웠지만, 역시 연구비가 지급될 것 같지 않아 중단해버렸다.

딱따구리보다 시멘트와 아스팔트를 쪼아대는 굴착기 소리에 익숙해져 쉽게 지나치는 것들이 주위에 많다. 새집은 나무와 함께 자란다. 나무가 성장하면서 점점 높아지는 이 경이로운 건축물은 아무리 높이 올라가더라도 고층빌딩처럼 과시하지 않는다. 생면부지의 나그네들에게 집터를 내주는 나무 또한 제 몸집에 비해 작은 땅만 점유할 뿐이다. 그렇다고 까치와 상수리나무에게 열등감을 느낄 필요까진 없다. 인간도 한때 땅에서 자란 것 같은 지붕 낮은 집에서 살았으니까. 버섯처럼 생긴 초가집은 건축물이라기보다는 자연의 일부였고, 지반에 뿌리를 내리고 늙어갔다.

현대인이 더 예뻐지고 살이 찌고 키가 커졌다고 인간성이 격상되진 않았다. 소똥을 차지하려고 다투는 쇠똥구리들을 바라보는 우리를 또 누군가는 키득대며 지켜볼 것이다. 도구를 사용하는 동물도 원숭이만이 아니다. 코끼리는 나뭇가지를 집어 이마를 긁고, 까치도 식사를 위해 도구를 사용한다. 수중생물의 기술 수준은 세운상가를 방불케 하며, 조개와 게처럼 서로 다른 종들의 공생관계는 오히려 나아 보인다. 거미는 훌륭한 직공이자 건축가이며, 또다른 위대한 건축가인 개미들 중에는 애벌레에서 실을 뽑아 사용하는 종도 있다. 두루미는 일과를 마치고 세수까지 하며, 까마귀와 돌고래와 코끼리와 하마는 장례의식을 치른다. 북극곰과 썰매개가 우정을 나누는 유명한 사진은 알려지지 않은 사연들 중 하나일 뿐이다. 인간은 스스로 동물과 다르다고 생각하는 것만 제외하면 동물과 다르지 않다. 아니, 어쩌면 가장 외로운 종일지도 모른다.

물은 온기(에너지)를 일정하게 간직하기 때문에 공기가 더울 때 물은 시원하고 추울 때엔 그 반대다. 그 점에서 물과 공기는 서로 다른 시계를 가지고 있다. 인간세계 역시 마찬가지여서 현대문명과 선사시대 이전의 생활이 공존한다. 유럽인이 아메리카에 갔을 때 원주민의 생활은 책으로 짐작만 할 수 있었던 시대의 그것이었다. 저수지의 밤도 다른 시간 속에 존재하는 것 같다. 사람은 도시와 떨어져 있는 만큼 자신의 시간과 가까워진다. 기꺼이 불편하게 사는 것을 무능인 양 오인하는 것은 자기보다 유명한 누구를 안다고 자랑하면서 자신이 그들보다 못났다고 자랑하는 사람들이나 하는 짓이다. 불편이나 고생인 줄 모르는 삶은 옛날에만 가능했던 건 아니다.

호수와 저수지는 겨울이 끝나갈 즈음에 얼음 깨지는 소리를 냈다. 오남저수지에서도 얼음 깨지는 소리를 듣고자 하는 포부를 품었다. 술에 취하면 욕구가 강렬해졌지만 졸려서 다음으로 미루길 여러 번, 정신이 멀쩡한 날에는 추워서 엄두가 나질 않았다. 그러는 사이 저수지는 얼음에 갇혀 무늬가 된 나뭇잎들은 놓아주었고, 풀려난 잎사귀들은 깊은 물속으로 가라앉을 권리를 얻었다.

얼음이 풀리면 먹을거리가 많지 않을 것 같은 여기에서 겨울을 보낸 검소한 오리들도 여행채비를 했다. 그들이 떠나기 전, 어느 날씨 좋은 날에 숫자를 세어

보았다. 처음에는 30~40마리였는데, 다시 세어보니 50~60마리였고, 이상하다 싶어 또 세어보니 70~80마리로 불어났다. 흩어져 있던 오리들이 인원 점검 소식을 듣고 서로에게 기별을 넣어 모여든 것이 틀림없었다. 겨울오리는 떠남으로써 봄을 불렀고, 호랑지빠귀는 소리를 거둬들여 동틈(동이 튼다는 말은 얼마나 시적인가)을 알렸다.

다시 까마귀가 떠오르고 토끼는 하늘 속에 녹아드는 푸른 새벽녘에 저수지에는 갑자기 바람과 물결이 인다. 상류에서 불어오는 바람이 물안개의 파도를 밀어 보내면, 천천히 움직이는 바람이 눈에 보이면서 정지된 순간이 아닌 연속성과 그 이상의 기운을 담은 안개의 풍경이 펼쳐진다. 물은 얼음이 녹아 흐를 때까지, 구름이 되어 비로 내릴 때까지 기다려왔다. 멀게는 북극과 남극에서도 왔을 그들은 다시 어딘가로 떠난다. 가장 신비롭지만 가장 짧은 순간, 길이 막혀 저수지에 머물러 있던 물은 안개의 파도가 되어 둑을 넘어섰다.

나도원 / 잠을 좋아하지만 잠잘 시간이 부족한 음악평론가. 한국대중음악상 선정위원 및 장르분과장, '이매진 어워드' 선정위원, 예술인소셜유니온 공동준비위원장. 『결국, 음악』 『시공간을 출렁이는 목소리, 노래』 등의 책을 썼다.

밤의 숲에서 울리는 소쩍새의 울음은

육신을 정화시킨다.

아무도 없는 놀이터의

그네소리 같아 무섭게 들린 적 있는

호랑지빠귀의 휘파람은

메아리를 타고 퍼서 나간다.

작은 코끼리

글·사진 — 노연주

달에 새겨진 발자국처럼

변하지도 사라지지도 않는 것은

너무 멀리,

그리고 누구도 볼 수 없는

달의 뒷면처럼 존재하고 있다고 생각했다.

할머니의 숨이 멎은 그 순간부터

할머니의 따스했던 냄새가 낯설어졌다.

계절이 바뀌기 전 만개하는 장미처럼

한순간 빛을 발하던 것은 또 순간에 빛을 잃는 걸까.

서서히 피고 서서히 진다는 것은 현실에서 보면

그저 찰나에 불과했다.

그 냄새는 이제 사라졌다. 그러나 완전히 사라졌다고도 할 수 없었다.

추억과 기억의 잔향이 그리움과 일종의 집착 증세로 나타났다.

내 생각들은 궁색했고 표층적이었다.

그걸 상기할 때마다 심한 자괴감에 빠지고

누군가에게 들킬까 초조해졌다.

그러면 죽음은 무한 목적지로 가까이 다가왔는데

그건 비겁하게도 어느새 가장 멀리 갈 수 있는

가장 그럴듯한 여행지라 생각되었다.

초등학교 1학년. 엄마의 손을 잡고 등교를 했다.
가방을 메고 신호등을 건너고 가파른 언덕길을 올랐다.

교문에서 손을 흔들고 뒤돌아설 때,
엄마는 내가 가는 모습을 잠시 바라보았고
난 알 수 없는 감정에 매번 코끝이 찡해졌다.

어느 날, 엄마는 신호등을 건너주고 손가락으로 언덕 위를 가리켰다.
/ 쭉 가면 돼. 이제 혼자 가야지. 아가, 얼른 가봐.

그리고 지금 밤 11시. 런던 히드로 공항.
북적거리는 사람들 사이에도 어둠이 묵직하게 내려앉아 있다.
환하게 웃으며 달려가는 아이의 모습이 보였다.

벗어나고 싶었다.

갑갑한 일상 속에서.

조야한 시선 속에서.

나의 아집 속에서.

노르웨이에서 만난 나의 친구 존과 그의 딸.

그를 만난 건 세 번, 그의 딸은 단 한 번,

그리고 그 소녀와의 대화는 한마디.

안녕······.

집 근처 초원에서, 그가 준비하던 행글라이더 줄을 실수로 밟았다.

짧은 인사, 선한 첫인상.

딸을 따스하게 바라보고 있는 그를 보았다. 두번째 만남.

초원에 무릎을 꿇고 무언가를 들여다보고 있는 소녀,

그 딸을 바라보는 그.

인사를 했다.

- 내 이름은 존.

- 내 이름은 노라.

호수를 보며 이야기를 나눴다.

그가 집으로 저녁 초대를 했다.

여기서는 저녁 초대가 밤을 함께 보낸다는 걸 의미하기도 한다는데,

그렇다면 거절하겠다고 말했다.

존은 웃었다.

그리고 그날 저녁 레스토랑에 가서 연어를 먹었다.

그의 딸은 해가 짧아지는 겨울이 되면

오후 다섯시면 잠자리에 든다고 했다.

어느 날은 아주 오래 잠을 자고 어느 날은 누워만 있는다고 했다.

매번 다른데, 변함없는 건 어둠을 싫어해서 항상 불을 켜둔다는 것.

그는 영화를 좋아한다고 했다.

노르웨이 어떤 감독과 어떤 영화를 말했는데, 난 모르는 감독과 영화.

그의 딸은 엄마가 없다고 했다.

사고가 있었고 그 충격으로 말을 거의 하지 않는다고 했다.

마음이 아프다고 했다. 학교엔 보내기 싫다고 했다.

그는 음악도 좋아한다고 했다.

노르웨이의 어떤 그룹을 얘기했는데, 역시 난 모르는 그룹.

그의 딸은 흙과 풀과 꽃과 나무 등 땅에 있는 모든 것에

관심이 많다고 했다.

대부분의 시간을 혼자서 보내고 있다고.

그런 소녀에게 요사이 소년이 한 명 나타났는데 밝아서 좋다고 했다.

좋은 친구가 되어줬으면 좋겠다고.

그는 내가 어떤 사람인지 물어봤다.

어떻게 대답해야 할지 몰랐다.

그는 내가 뭘 좋아하는지도 물었다.

난 그의 딸을 생각했고,

낮에 만났을 때 '안녕'이라고 말하는 소녀의 목소리가 떠올랐다.

좋은 목소리라고 말했다.

나는 그저 나와 연관된 모든 것들로부터 벗어나 혼자이고 싶었다.

비워지고 채워가고 있었다.

세번째 만났을 때, 존과 나는 또 연어를 먹었다.

소녀가 말했다.

/ 정말 비행기 조종사는 어디든 데려다줄 수 있는 건가요?

　나는, 나는요? 나는 무엇이 되는 거지요?

　무엇이 될 수 있는 거예요?

/ 무엇이 되고 싶어?

/ 나는요. 흙, 풀, 꽃, 나무…… 내 친구들을 다 담을 수 있는 땅이요.

　난 그게 되고 싶어요.

/ 우리는 언젠가 바람에 날려서 이곳을 떠날 거야. 그렇지?

　흙도 풀도 꽃도 개미도 다같이 여행을 가는 거야.

　바람이 불 때마다 아주 조금씩 흘러서, 아무도 알아채지 못하게,

　아주 천천히.

　거기선 풀도 꽃도 누구도 다치지 않아.

소녀는 울고 있었다.

자그마한 등을 어루만져주고 싶었는데 손이 닿지 않았다.

나도 가만히 울기 시작했다.

그리고 알았다.

꿈이었구나.

창문으로 멀리 존이 행글라이더를 날릴 준비를 하는 게 보였다.
그러나 떠나는 날까지 그가 행글라이더를 타는 걸 보지 못했다.

소녀의 발갛게 상기된 뺨처럼 붉은 노을도 어스름히 저물어갔다.

어느 한 발을 내딛는 순간 그 어떤 순간에 나는 보았다.
내 발은 어둠과 밝음, 밤과 낮,
그 알 수 없는 경계의 선을 밟고 있었다.
부모님과 학교, 종교의 가르침에서도, 심지어 여행에서도
어느 순간 불현듯 나는 묘한 호기심과 두려움을 느꼈다.
명멸하는 불빛. 그 돌이킬 수 없는 지점을 보았다.
거짓과 모순, 허위, 무지로 가득한 세계가 나를 무자비하게 둘러쌌다.
내가 안락하다고 여겨왔던 모든 것들이
실은 얼마나 나약하고 불안한 건지
삶은, 여행은 갑작스레 일러준다.
아니, 어쩌면 갑작스러운 건 세상에 없는 건지 모른다.

흔들리고 있었다.

반복되고 익숙해지고 상처받고 치유되겠지만

그것은 영원히 회복하지 못할 무언가를 잃게 한다.

냉혹하다고 말하고 싶진 않았다.

정말 가혹한 땅에, 홀로 남겨질 것 같아서.

끝없이 펼쳐진 모래 위로 앙상하게 서 있는 나무 한 그루

그리고 누군가의 발자국.

사진 한 장에 담긴 사막 풍경은 얼마나 많은 걸 담고 있는 걸까.

파리로 오는 기차에서였다.

'멜라니에'라고 했다. 사진작가인 그녀는 나를 찍고 싶다고 했다.

난 멋쩍게 웃었고, 그녀는 나를 담았다.

사진 속 내가 어색하고 이상해 그만 우울해지고 말았다.

사진은 본연의 모습을 그대로 투영하고,

아름답지 않은 것을 아름답게 포장한다고 생각했는데

보이기 싫은 걸 더 보기 싫게 드러내보이고 있었다.

눈을 감고 그리운 사람을 떠올렸다.

할머니가 울고 계신다.

가슴 근처의 몽우리가 탁한 색으로 변해 있었다.

한참 동안 가끔씩 콕콕 쑤셔왔다는 얘기를 듣고,

검진을 받고 되돌릴 수 없는 진단을 받았다.

사실을 말할 필요가 있을까? 그냥 감추는 게 낫지 않을까?

결국 가족들은 다같이 거짓을 말하기로 했다.

어느 날, 혼자 울고 있는 할머니를 보았다.

왜 우느냐고 차마 물을 수 없었다.

그 모습을 누구에게도 말하지 않았다.

어쩌면 진작부터 할머니 자신도 알고 있었는지 모른다.

서로를 위해, 스스로를 위해, 우리는 연기하고 있었는지도 모른다.

때론 말보다 한 장의 사진이 많은 것을 얘기하듯이

우린 서로의 마음으로 충분했는지도 모른다.

사막이 황량하기도 휘황하기도 하다.

멜라니에는 자신의 스튜디오 주소와 홈페이지를 알려줬다.

홈페이지 속 그녀의 사진을 보았다.

멋졌다. 그것으로 충분했다. 언젠가는 사진을 찍고 싶어졌다.

다시 길을 떠난다. 어떤 것은 버리고 어떤 것은 남겨두고.
어디든 내 마음대로 떠날 수 있다는 것.
그건 자유로운 걸까, 외로운 걸까.

엄마가 주저앉아 울면서 내는 소리에 겁이 밀려왔다.
가슴 밑바닥을 긁어내는 듯한 노인의 소리 같기도,
아무것도 모르는 순수한 아이의 소리 같기도 했다.
죽음과 생은 공존한다고 생각해왔는데,
남겨진 누군가에겐 아닌 듯했다.
그건 잃어버리는 것이었다.
소중한 무언가를 앗아가고 깊은 생채기를 남겼다.
한동안 엄마는 서울을 떠나 시골집에 머물렀고,
난 엄마가 남아 있는 그곳을 떠나 집으로 돌아왔다.
불과 얼마 전까지만 해도 할머니 댁은 가장 충실한 여행지였는데
이젠 더이상 그럴 수 없다.

모든 게 그때와 같지 않을 거라는 걸 심연으로 알았다.

할머니의 모습도 지상에 달라붙지 않고 공기중에 떠다니고 있었다.

일 년에 한 번, 성대하게 열리는 파리 불꽃축제.

파리 하늘을 형형색색 불꽃이 화려하게 수를 놓았고,

나는 수많은 사람들과 다리 난간에 매달려 그것을 바라봤다.

감미롭지만 애처로웠다. 순간이었다.

불꽃놀이가 끝나면 다들 각자 어둠 속으로, 현실 속으로

걸어 들어가야 했다.

센 강변을 걸어 집으로 돌아왔다.

차가운 벽을 더듬어 스위치를 찾고 아무도 없는 방안 불을 켰다.

치지직 소리를 내며 더디게 불이 켜졌고, 문득 울고 싶어졌다.

불빛은 너무 어두웠다. 그리고 이제 정말 알 수 있었다.

두 번 다시 만날 수 없다.

자연스럽게 흘러가는 평온한 어느 지점에 있는 나를 떠올려본다.
따스하고 메마른 손으로 내 머리를 쓸어넘겨주셨다.
그리곤 조용히 일어나 부엌으로 가셨다.

토닥토닥 어루만지며 살며시 내 등을 두드리는 것 같은
그 소리를 자장가 삼아 달큰한 향에 취해 잠이 들었다.
눈부신 현실의 틈에서 꿈으로 이동할 때마다,
이상하게도 홀로 남겨졌다.

고요하게 짓눌렀다. 너무도 포근하기에 더 애달팠는지도 모른다.
열차는 플랫폼에 잠시 머물고 아스라이 멀어져갔다.
머리 위로는 솜털 보송한 구름이 흐르고
내 옆으로는 굉음을 내는 열차가 지나갔다.
묵직하게 입안 가득 달라붙는 바나나의 질감에 목이 메었다.

유유히 헤엄치고 있었다. 지느러미를 살랑살랑 흔들며
물을 가로질렀다. 물고기는 홀로 유영하고 있었다.
그 작은 어항 안에서 나아갔다가 되돌아왔다.
욕조 가득찬 물에 천천히 다리를 넣고 몸을 담그면
물에 파도가 일어 넘쳐흘렀다.

노르웨이 프레이케스토렌.
절벽에서 내려본 물의 풍경은 경이로웠고 압도적이었다.
광활한 자유가 소름끼쳤던 걸까. 몸이 비틀거렸다.
수영장에서처럼 첨벙 뛰어내릴 수 있을 것 같았다.
한없이 가라앉았다가 몸을 곧게 펴고 솟아오를 수 있지 않을까.
찌꺼기들이 다시 수면 위로 떠오르는 것처럼.
한 발만 내딛으면 자연스럽게 저쪽 세상,
다른 어딘가로 갈 수 있을 듯했다.
쭈글쭈글해진 손가락을 만지작거리며 수도꼭지를 돌리니
물이 파장을 일으키며 다시 넘쳐흘렀다.

물끄러미 그것을 바라보며 지금 나의 세상은
이 욕조 크기만큼일지 모른다고 생각했다.
물고기는 어항에서도, 저 멀리 유로파 행성에서도
살 수 있는 존재임에도…….

뜨겁게 내리쬐는 햇볕이 만들어낸 무수한 빛들은 어디로 간 걸까.
레만 호수와 눈으로 덮인 알프스산맥은 백발의 노인을 연상시켰다.
가벼워진 무게감을 가지고 결국 자신만의 둥지에서
차분히 죽음을 기다리고 있다.

투명한 공기 속에서 비로소 조금 알 것 같았다.
시야를 가리는 눈송이는 저만치 사라져가거나,
차곡차곡 쌓여가거나 투명한 얼음을 만들어낼 것이다.
그리고 난 그저 바라보았다.
하얀 눈 속에서 모든 것이 하나로 수렴되기를.

붉었다.
시골 할머니 댁 마당에 핀 봉숭아꽃.

그것을 빻아 내 손에 봉숭아물을 들여주시는
할머니의 손도, 내 손도 벌겋게 번져갔다.
프라하 성 전망대에서 바라보는 프라하는
지붕만 허공에 둥둥 떠다니는 듯
붉은 벽돌로 가득했다.

카프카를 찾아갔다.
그를 자유롭게 해주지 못했던 이 도시는
내가 떠나서 온 곳이었고, 지금의 나는 그때의 그를 떠올리고 있다.
조명이 켜지며 도시가 강물에 반영되었다.
집요하게 이어져 갇혀 있다.
그럼에도 프라하의 밤은 반짝이는 조명과 더불어 꽤 아름다웠고,
난 다시 올 프라하의 봄을 기다리고 있다.

문을 열고 들어서는 순간 어렴풋이 알았다.

정해진 순서가 암묵적으로 결정되어 있었다는 것을.

집은 너무 깨끗했고 제자리가 아니더라도 있어야 할 자리에

모든 것이 있었다.

난 무엇을 해야 할지 몰라 바나나를 먹었다.

조금만 다른 각도에서 보면 알 수 있다.

왼쪽 눈을 감고, 다시 왼쪽 눈을 뜨고, 오른쪽 눈으로만 바라보면

눈 안에 들어오는 세계는 조금씩 달라진다.

넓은 초원이 보이고, 그다음엔 초원은 뿌연 배경이 되고,

나무 한 그루가 너 선명히 들어온다.

그는 늘 밝게 웃었다. 심각한 표정을 짓다가도 늘 웃었다.

그 표정은 그가 잠시 익살을 부린 것처럼 웃음 속에 감춰졌다.

뒤돌아본 마지막 그의 모습이 쉬이 잊히지 않는다.

존에게 짧은 메일이 왔다.

딸과 함께 이사를 간다고 했다.

소녀의 친구 소년이 궁금했다.

존은 여전하다고 했다.

여전하다는 것이 무엇을 말하는 건지 나는 잘 몰랐다.

존은 새로운 생활이 기대된다고 했다.

나는 행글라이더를 타는 존을 상상할 수 없었다.

존은 내게 '행복하라'고 말했다.

소녀의 목소리를 떠올렸다.

머릿속에서는 생생하게 살아 있는데

할머니의 집은 숲으로 둘러싸여 보이지 않았다.

마구잡이로 거칠게 자라난 나무와 풀에 덮여가고 있었다.

그것을 제외한 모든 것은 더할 나위 없이 평온한 모습으로

수많은 순간들과 섞여, 나아가고 있었다.

나아간다는 건 생각처럼 강인한 것이 아니라
주인이 없는 저 집처럼 쓸쓸한 자취 하나 남기는 거라고 생각했다.
자욱하게 멈춰 있는 이 공기도 흘러가는 시간 속에서
끈질기게 삶을 살고 있다.

창문을 활짝 열었다.
에펠탑이 쏘아내는 불빛이 내 위를 훑고 지나갔다.
그뒤엔 다시 어둠이 찾아왔다.

또 생각했다.

그럼에도 이 조그만 행성은 달을 가지고 있다고.

소녀가 엄마 무릎을 베고 누워 있었다.
난 시리도록 눈부신 햇살에 눈이 감겼다.
한없이 나른하고 뜨거워서 몸이 녹아내릴 것 같았다.
그 사이로 꽃들이 향기를 내뿜고 있었다.

/ 안녕.

소녀의 목소리가 귓가를 스쳤다.

노연주 / 여행 작가이다. 북노마드에서 출간될
여행 에세이를 준비하고 있다.

삶은, 여행은

갑작스레 일러준다.

아니, 어쩌면 갑작스러운 건

세상에 없는 건지 모른다.

흔들리고 있었다.

슬픔에게도 기회를 주어야 한다

글·사진 — 박연준

1.

'나,'라는 싱싱한 상처

나뭇잎은 멍들었고, 가장자리부터 올이 풀리던 하늘은 급기야 사라졌다. 침대에 묶인 상념은 무엇에 사로잡혀 있을까.

당신 때문이다.

목구멍 속에 박힌 복숭아 씨앗을 생각한다. 손끝으로 만지면 꿈틀, 아래로 쏟아져 사라질 듯하다 관성처럼 돌아와 점잔을 빼던 당신 목젖. 당신이 침을 삼키면 삼킬수록 복숭아 씨앗은 관성을 견디며 견고해진다. 당신이 아니라 당신 목젖 때문에 오늘 밤은 상심으로 부푼 밤이다. 관성의 법칙에서 벗어날 수 없는 것들, 떠나고 싶지만 발이 묶인 것들, 동적이면서 동시에 부동인 것들, 하염없으면서 속절없는 것들은 슬픔에 속한다. 아주 오래전 가롯 유다가 사랑하는 자를 배신한 것도 관성의 법칙 때문이다. 당신에게서 도망가고 싶지만 또한 오래 머물고 싶기도 했을 가롯 유다를 생각하면 마음이 아프다. 그러니 사랑에 있어 영원한 배신도, 영원한 맹세도 없는 것이다.

상처는 지금 이 순간의 상처가 가장 싱싱하다. 오늘밤 침대와 나 사이에 복숭아 씨앗처럼 걸려 있는 당신. 누운 나와 앉아 있는 나와 엎드린 나와 서 있는 나를 따라다니며 딱딱한 존재로 살아 숨 쉬는 당신은 밤의 시위대. 너무 많은 당신 때문에 상처는 더욱 싱싱해지고 내가 있는 이 공간은 좁아진다. 나는 어디에 머물러야 하나?

사랑을 잃은 자는 싱싱한 상처를 가진 눈먼 짐승이다.

3

잠들지 말라고 쇄골을 물어뜯는 밤,

그가 내 쇄골을 스윽 빼더니

손가락으로 튕기며 논다

어깨가 주저앉은 채로 그를 따라가며

병신걸음으로 걷는다

자꾸만 내 몸의 이파리가 썩고

나를 옮겨 심고 싶은데,

내가 잠긴 흙속에는 뿌리가 없다

4

담요를 몸에 두르고 앉았는데

그의 머리카락 한 올이 담요에 묻어 있다

오래 바라보다 옆에 가만히 내려놓는다

머리카락은 등을 구부정하게 하고 옆으로 누워 있다

이 가느다란 선(線)이

오늘밤 내게 온 슬픔이다

5

하얀 옷을 입은 내가 걸어가고 있다

졸시 『연애편지 - 물속에서』 중 부분

2.

걸음은 나아가 여행이 되어라

내 걸음에 당신이 묻어 있다. 나는 당신을 뒤집어쓰고, 흰 걸음으로 나아간다. 앞으로 나아가며 뒤를 생각한다. 오래전 당신 곁에 누워 움푹 파인 쇄골에 반짝이는 빛을 모으던 때가 있었다. 그러나 오늘 나의 진보는 당신을 잃었다는 사실이다. 이 걸음은 멈추지 않고 먼 곳으로, 더 나아가야 한다.

3.

등이 많은 여행

한때 여행(旅行)을 여행(餘行)이라고 생각한 적이 있다. 여행이란 심적, 육체적, 경제적으로 여유로운 사람들이 한가할 때 떠나는 것이 아닌가, 생각하며 내심 여행에 대해 삐딱한 마음을 품기도 했다. 여행에 대한 그럴 듯한 식견이나 다양한 경험도 없고, 먼 곳으로 떠나본 적도 없으니 여행이란 말 자체에 주눅이 들어 있기도 했을 것이다.

그러나 여행의 목적은 '목표한 장소에 도착하는 것'이 아니다. 여행은 '장소'보다 '장소를 향해 나아가는 상태'를 중요시한다. 그런 의미에서 여행은 '오다'보다는 '가다'라는 동사와 더 잘 어울린다. '오다'라는 말 속에 담긴 수동성과 기다림, 한 방울의 초조함, 숨은 기대에 반해 '가다'라는 말에 담긴 돌아선 등, 힘을 뺀 손, 숨죽인 그늘, 한 방울의 체념이 여행과 더 어울리는 것이다(체념이 한 방울뿐인 이유는 새로운 곳에 대한 욕심이 발을 움직이는 것이 여행이기 때문이다). '나그네가 가다'라는 의미를 내포하고 있는 여행(旅行)은 그래서 언제나 앞보다는 뒤이고, 얼굴보다는 등에 가깝다. 등이 많은 여행, 떠난 곳에 대한 향수가 희미하게 배어나는 여행이 잘한 여행이라고 나는 믿는다.

비록 여행에 대해 문외한일지라도 '상처가 나를 데리고 가는 여행'에 대해서는 조금 안다. 상처가 나를 데리고 가는 여행에서 장소는 중요치 않다. 도심에서 벗어나 강이나 바다가 있는 곳, 혹은 나무들이 초식동물처럼 순하게 모여 있는 곳, 인적이 과하지 않은 곳이면 족하다. 나는 욕심 없이 그저 상념과 기분에 끌려다니는 여행을 좋아하는데, 이런 여행이 꼭 수동적인 것은 아니다. 특히 내면의 상처가 싱싱할 때는 쫙 벌어진 상처를 눈 삼아, 세상을 낯설게 볼 수 있다. 나무나 풀, 하늘, 바람 속에 내가 머물고 있음에 놀라며, 타인들이 멀지 않은 곳에서 숨 쉬고 말하며, 웃고 움직이고 있음을 낯선 방식으로 느낄 수 있다.

4.

여
행
지
에
서   병

모가지가 아프다. 당신 때문이다.

열렬한 상념.

신병을 앓듯 당신을 앓았으니 이곳에서 치성이나 드리고 가면 되겠다. 사랑을 잃고 떠난 여행은 죽은 사랑에게 예의를 갖추고, 조문을 가는 일이다. 괜찮다. 바다는 나보다 더 많이 울었고, 하늘은 나보다 더 오래 매달려 있었다. 나는 사랑하는 것만 골라 놓치는 안 좋은 취미가 있다고, 자조적인 농담도 해본다. 봄이 풀피리 소리를 닮은 방귀를 뀌어 내가 한동안 웃었고, 즐거웠다고 생각한다. 괜찮다.

병이 나는 것은 퍽 괜찮은 일이다. 앓아눕는 것은 더 근사하다. 무엇 때문이라도 좋으니 우리는 좀더 자주 앓아야 한다. 아프다는 것은 살아 있는 자만의 특권이다. 죽은 자는 더이상 아프지 않다. 저기 그림자가 희미해진 여자가 상처를 부여잡고 걸어온다. 아름답다. 저 여자는 참 잘살고 있구나, 생각.

5.

여
행
지
에
서 발
견

비가 왔고 다시 날이 갰고 나뭇잎이 흔들렸다. 먼 곳에서 온 당신은 내 발가락 끝으로 들어와 동그란 무릎에 오래 머물다 머리카락 끝으로 빠져나갔다. 무릎이 멍든 이유는 당신이 나를 사랑했기 때문이라고 믿어본다. '멍이 들다'는 말의 중심을 통과하다 발목이 꺾인다. 멍은 드는 것이로구나. 나뭇잎이 물들 듯, 우리가 서로를 예뻐하면 곳곳에 서로의 물이 들 듯, 멍도 내 몸에 드는 일이구나. 멍이 들거나 상처가 생기는 것이 꼭 나쁜 일만은 아닐지 모른다.

6.

여
행
지
에
서
　
단
상

어느 책에서 읽었는지 도무지 기억나지 않는데, 내 머릿속에 오래 남아 있는 단상이 있다. 세상의 모든 동물 중에서 나체가 누드가 되는 동물은 사람이 유일하다는 것이다. 옷을 벗는 순간 육체의 '표면'이 '내부'의 연약함, 혹은 부끄러움과 연결되는 동물은 사람이 유일하다는 것! 비단 육체의 문제만이 아닐 것이다. 일상에서 우리는 얼마나 자주 표리부동한 행동을 일삼고, 화장한 생각을 진실인 양 표현하며 살았던가? 생각을 벗기면 생각의 누드가 드러날까?

그렇다면 상처가 나를 데리고 떠나는 여행만큼은 자아의 표면과 내면이 합일되는 순간이어야 한다. 생각의 누드를 마음껏 뽐내며, 침묵과 말 사이의 어색함에서 벗어나 원하는 만큼 말하고, 원하는 만큼 침묵하며, 조금은 감정에 헤퍼지기도 하고, 오늘을 함부로 사용하며 '그냥 순도 높은 동물'로서 돌아다닐 수 있어야 한다. 이때 상처는 얼룩이 아닌 무늬가 될 수 있을 것이다.

7.

여행지에서 낚시

바다 앞에서 밑밥을 던지자.

내가 오래 붙들고 늘어져 구닥다리 스카프처럼 되어버린 상념들을

손바닥으로 동글동글 굴려, 주먹밥처럼 만든 후, 던지는 것이다.

바다가 잡아먹을 수 있도록.

나는 가벼워지고 바다는 무거워지리라.

8.

여행지에서 운동

상상한다. 부처 앞에서, 성황당 앞에서, 조용한 절 마당 앞에서.
바람이 허공에 쌓인 돌멩이들을 쓰다듬고 있다.
내 안에 있는 돌멩이들이 자글자글 끓어오른다.
허공에다 돌멩이를 하나 올려놓고, 떨어뜨린다.
돌멩이를 꺼내 올려놓고 떨어뜨리기를 반복하다보면
마음이 점점 가벼워진다.
반복은 단순함의 심연인가보다.

사진 / 윤지예

사진 / 김민채

9.

여행지에서 쪽지

그 사람은 이번 여행에서 내내 함께했고, 내내 없었다.

사랑이

자주 하는 거짓말.

10.

여
행
지
의
끝

사랑에 대한 생각은 여러 번 수정되었다. 여행이나 인생, 상처, 용기, 배신 같은 거창한 화두에 대한 생각이 여러 번 수정되었듯이. 앞으로도 생각은 여러 번 수정되며 견고해지다, 돌연 파괴될 것이다.

분명한 건 마음이 아프다는 것이 마음이 아프다는 생각을 앞질러 당도했을 때는 떠나야 한다는 것이다. 슬픈데 눈물조차 나지 않을 때, 그리하여 마음 가장자리가 수분 부족으로 균열을 일으키며 메말라갈 때, 슬픔의 가뭄 속으로 자신을 밀어넣고 있을 때는 분명히 떠나야 한다. '여행'이라는 거창한 이름을 붙일 필요도 없다. 그냥 상처가 나를 데리고 가는 여행에 몸을 맡기면 된다.

사람들은 마음이 아플 때 건강하고 강하게 이겨내는 방법으로 슬픔이 자신을 비켜가도록 내버려둬야 한다고 착각하곤 하는데, 이는 건강한 방법이 아니다. 멍울진 감정이나 체한 슬픔을 해결하기 위해서는 슬픔에게도 기회를 주어야 한다. 슬플 기회를!

무언가 때문에 상심해 있다면 자신에게 자연스럽게 다가오는 슬픔을 피하지 말고, 같이 여행을 가자. 상처가 나를 데리고 떠나는 여행이 끝날 무렵, 딱지 앉은 상처를 이제 내가, 데리고, 집으로 돌아오면 된다. 그렇다. 다시 관성의 법칙이다. 떠났으니 돌아오면 되는 것, 실컷 피 흘렸으니 이제 아물면 되는 것.

단단한 생각에 마침표를 찍는 일이 여행이다. 당분간 나는 이 단단한 생각을 가방처럼 메고 일상을 거닐 것이다. 생각이 물렁해질 즈음 다시 가방을 싸게 되겠지? 아무리 나쁜 여행일지라도 여행은 생각을 싱싱하게 발기하게 만든다.

박연준 / 시인. 1980년 서울 출생. 2004년 동덕여대 문예창작과를 졸업했고, 같은 해 중앙신인문학상으로 등단했다. 시집 『속눈썹이 지르는 비명』 『아버지는 나를 처제, 하고 불렀다』가 있다.

슬픈데 눈물조차 나지 않을 때.

그리하여 마음 가장자리가 수분 부족으로

균열을 일으키며 메말라갈 때.

슬픔의 가뭄 속으로 자신을 밀어넣고 있을 때는

분명히 떠나야 한다.

'여행'이라는 거창한 이름을 붙일 필요도 없다.

그냥 상처가 나를 데리고 가는 여행에

몸을 맡기면 된다.

아무 준비 없는 여행

글·사진 — 서상희

마음이란 것이 있다면, 그 마음이 산산조각 나 와르르 무너져버린 것만 같았다. 몇 년간을, 열심히 노력하면 사람들이 알아줄 거라 믿었다. 노력하면 누군가는 알아주겠지 하며, 그저 주어진 모든 것을 열심히 하려고만 했었다. 나의 즐거움은 중요하지 않고, 세상 사람들이 중요하다고 말하는 것에 치중했다. 진정성을 가지고 열심히 하면 모든 것이 다 잘될 거라는 믿음.

그러나 세상일이란 역시 만만하지 않았다. 개나리가 피기 시작한 어느 봄날이었다. 갑자기 아무것도 할 수 없을 만큼의 통증이 찾아왔다. 이 아픔을 어떻게 다뤄야 할지, 아픔의 원인이 무엇인지도 알 수 없었다. 그저, 아프기 때문에, 내가 해야 할 일을 잘할 수 없는 자신이 진저리나게 싫어졌다. 사람들은 시간이 지나면 해결될 거라 말했고, 힘을 내라고 격려해주었다. 하지만 시간이 지나도 상태는 좋아지지 않았다. 오히려 더 나빠졌다. 식사를 할 수도, 잠을 잘 수도, 무엇을 읽을 수도 쓸 수도 없었다. 아픈 내가 싫어 나를 미워하고, 그래서 다시 아파하는 시간이 반복되었다. "대체 어디가 아픈 거야?"라는 사람들의 질문에 대답할 수 없었다. 살이 10킬로그램 이상 빠졌지만, 병원에서는 아무 이상이 없다고 했다. 결국 병원에서는 내 병을 '신경성' 또는 '스트레스성'이라 하였다. 하지만 세상 사람들 모두 신경이 있고 스트레스를 받는다. 왜 유독 나만 이토록 아픈 것일까. 원인을 생각할수록, 나의 아픔은 내 나약한 정신력이 일으킨 꾀병이 아닐까 의심스러웠다. 그 의심이 나를 더 괴롭혔다.

집에 틀어박혀 멍하니 창밖을 바라보았다. 봄은 왔다. 바람이 불고 벚꽃도 따라 흘렀다. 시간은 그렇게 멍하니 흘러가는데, 나는 여전히 창문 밖으로만 세상을 바라보았다.

어느 날, 출산 휴가중인 친구에게 전화가 왔다. 받지 않았다. 친구로부터 문자가 왔다. "이탈리아 갈래?"

이렇게 훌쩍 떠나는 여행은 쉽지 않다. 낯선 곳에 가기. 어떤 일이 일어날지 모르고, 어떤 사람을 만날지도 모르고, 게다가 돈까지 많이 드는데. 다녀온다 한들 나의 아픔이 에스프레소에 설탕 녹듯이 사르르 사라진다는 보장도 없지 않은가. 가족들은 당연히 반대했다. 불안했지만, 집에 있다고 해서 불안감이 사라지지 않는다는 걸 뼈저리게 알았으므로, 가기로 했다.

일주일도 채 안 되는 기간, 가장 빠른 비행기를 찾아 예약했다. 만약 아프지만 않았다면, 나 홀로 여행 계획을 짜고, 항공권, 좋은 숙박을 알아보았을 것이다. 그러나 그런 준비는 애당초 불가능했다. 친구가 자유여행 전문 여행사를 통해 항공권, 기차표, 호텔을 챙겼다. 여러 번 여행을 다녔지만, 내 손으로 아무것도 준비하지 않은 첫 여행이었다. '아프니까 할 수 없지.' 그저 잠시 벗어난다는 것에 의미를 두기로 했다. 이탈리아라는 목적지도 아이 둘 가진 친구가 취직하기 전 배낭여행을 갔을 때 가장 좋았던 곳이 로마라는 이유로 정해진 것이었다.

약을 먹어가며 비행기를 탔다. 친구가 하자는 대로 움직였다. 밀라노 두오모 지붕에 올라가 친구와 함께 아이폰에 저장된 노래를 들으며 햇살을 맞고, 사진을 찍고 있는 여행자들을 구경했다. 친구에게 이야기했다.

- 우리 여기서 사진은 찍지 말자. 그저 햇볕을 쬐다 가자. 사진을 찍지 않더라도, 언젠가 이 노래를 들으면 두오모에서 받은 햇살을 기억할 수 있을 거니까.

나를 알지 못하는 사람들이 알 수 없는 말을 하며 바삐 지나가는 동안 나는 두오모 지붕에 누워 아무 생각 없이 하늘을 바라보았다. 물먹어 처진 내 몸이 햇빛에 뽀송뽀송 말라가는 기분이 들었다. 잠시 누워 있다가 한 층을 내려와 또다시 한참을 앉아 있었다. 이리저리 바삐 흘러다니는 여행자들을 바라보았다. 관광지에서 여행자들을 바라보는 것. 태어나 처음으로 해보는 일이었다. 나도 한때는 저 여행자들처럼 바삐 다녔었지, 라는 생각과 함께.

밀라노를 거쳐 피렌체에 왔다. 우리는 5월이 피렌체 여행의 성수기라는 사실을 알지 못했다. 나에게 5월은 바쁘게 일하고, 부모님과 아이들을 챙겨야 하는 달, 결혼식이 많은 달이라는 의미뿐이었다. 나에게 휴가란 7월과 8월이었다. 그런데 5월의 피렌체는 사람들로 북적였다. 대부분 여행자였다. 한숨이 나왔다. 대체 이 많은 사람들은 어떻게 5월에 이곳에 올 수 있는 것일까? 부러웠지만, 그들로 인해 우리의 숙소는 지금까지 겪은 것 가운데 최악이었다. 급하게 떠났다고 해도, 이런 방을 호텔이라 부를 수 있을까? 친구는 여행사에 항의하겠다고 했지만, 나는 그걸로 우리의 여행을 망치지 말자고 했다. 내가 준비하지 않았고, 준비기간도 짧았고, 여행사 담당자도 의도하지는 않았을 것이다. 운이 나쁠 수도 있지. 이보다 더 나쁜 일도 겪고 있는데……. 마음이 담담해졌다. 밤새 잠을 이루지 못했지만 불편하지는 않았다. 깰 때마다 작은 방을 크게 보이기 위해 설치한 벽거울을 통해 나를 바라보았다. 초라한 호텔방에서의 초라하고 핏기 없는 내 모습. 스스로 비극의 주인공이라는 생각은 하지 않았다. 이래서야 드라마의 엑스트라조차 되지 못하겠구나. 어쩔 수 없지.

며칠 후, 하루는 따로 움직이기로 했다. 홀로 피렌체 시외버스터미널로 가서, 시에나행 버스를 탔다. 이층버스는 거의 비어 있었고, 운좋게도 맨 앞좌석에 앉을 수 있었다. 작은 피렌체 시내를 벗어나자 이국적인 풍경이 들어왔다. 색색의 풀밭들이 퀼트처럼 놓여 있었다. 마침 날씨도 화창했고, 저멀리 보이는 농가와 성(城)들. 한 시간여를 멍하니 바라봐도 질리지 않았다.

시에나에서도 굳이 목적지를 정하지 않았다. 촘촘히 얽힌 골목길을 흘러흘러 가다보니, 유명한 캄포광장이 나왔고, 다시 흘러흘러 가다보니 시에나의 두오모가 나왔다. 캄포광장과 두오모보다는 시에나의 좁은 골목길을 다니는 재미가 쏠쏠했다. 길을 헤맨다는 두려움보다 설마 이런 곳에 있을까 하는 물감가게가 있다거나 공예품가게가 나타나는 식이었다. 피렌체보다 더 고즈넉했고, 더 조용했다. '시에나색'이라 불리는 붉은빛의 벽돌들은 봄빛에 비쳐 환하게 빛났다. 그러고 보니 몇 달 만에 갖는 혼자만의 산책길이었다. 일과 시간과 긴장과 불안에 쫓겨 산 지 십 년 만이었다.

사실 내가 모든 것을 잘해야 하고 완벽할 필요는 없었다. 주변 사람들이 너무나 훌륭했을 뿐. 내가 주위 사람들과 다르다는 점을 인정하고 싶지 않았다. 다르다는 것을 남보다 못하는 것이 아닌지 불안해하지 않았다면 더 좋았을 텐데, 라는 후회가 밀려왔다. 원치 않은 전공과 직업을 갖고 일을 한다는 것이 마음 한편에 부담으로 다가왔던 걸까. 아니, 그보다는 자신에 대한 관대함이 부족했기 때문일지도 모른다. 일단 이 길을 선택한 이상, 누구보다도 잘해야 한다는 욕심이 앞섰을 것이다. 처음부터 잘하는 사람은 드문데도, 내가 왜 그런 사람들 사이에 들어가지 못했는지를 스스로 꾸짖어왔었다. 내 자신을 용서하지 못하고 위로하지 않은 채 "너는 왜 그렇게밖에 못하니? 그것밖에 안 되니? 한심스럽구나"라고 스스로를 몇 년 동안 몰아쳐왔다는 것을 그 산책길에서 알았다.

다시 친구와 피렌체에서 만났다. 무리하며 돌아다니지 않는 것이 우리의 목적이었고, 그럴 체력도 되지 않은 우리는 호텔 근처 산타 크로체 성당 앞 돌벤치에서 한참을 앉아 있었다. 친구도 나와 같은 일을 하고 있었다. 일도 잘하고, 외모도 뛰어나고, 아이 둘을 낳은 엄마였다. 나는 친구에게 "어떻게 그렇게 할 수 있었어?"라고 물었다. 친구의 대답이 기억나지 않는다. 오만하게 들릴지 모르지만, 친구의 대답이 내게 중요하지 않음을 친구도, 나도 예전부터 알고 있었다. 친구와 나는 다르다. 나는 친구와 같은 방법으로 살 수 없음을, 오래전부터 알고 있었다.

로마로 가서, 이탈리아 남부 지방으로 가는 하루 여행을 신청했다. 누군가를 따라다니는 걸 정말 싫어하지만, 이번 여행은 내가 할 수 있는 것이 그다지 없어서 어쩔 수 없었다. 욕심을 부릴 수 없으니 포기할 수밖에. 역시 아무 기대는 없었고, 아침부터 모르는 사람들 – 여행지에서 같은 나라 말을 쓰는 사람들을 만나는 것을 좋아하지 않는다 – 틈에 끼여 있으니 약간 심기가 불편해졌다. 인솔자는 '민주'라는 이름을 가진 젊은 여성이었다. 나중에 나이를 확인해보니, 나와 한 살밖에 차이가 나지 않았지만.

소렌토를 지나 포지타노로 가는 길. 옆으로는 봄날의 에메랄드빛 바다가 보였고, 민주는 노래 한 곡을 틀어줬다. 김동률의 〈출발〉이었다. 이런 노래가 있다는 걸, 이런 가사가 있다는 걸 그때야 알았다. 나, 그동안 노래도 제대로 듣지 않고 살았던 건가.

'멍하니 앉아서 쉬기도 하고
가끔 길을 잃어도 서두르지 않는 법
언젠가는 나도 알게 되겠지
이 길이 곧 나에게 가르쳐줄 테니까'

가사를 듣고 눈물이 났다. 지금 내 모습 같아서. 몸이 아파 내가 멈춰야 될 줄은 몰랐다. 내 계획에 없었다. 십여 년 동안 내가 세운 계획과 내가 원하는 것을 하기 위해 그토록 채찍질하며 달려왔는데, 이렇게 나동그라질 줄은 생각도 못했다. 만약 내가 아프지 않았다면 기를 쓰고 달렸을 텐데. 이렇게 남이 이끄는 여행을 함께 다니지 않았을 텐데. 그럼, 나는 이 노래를 알지 못했겠지. 다른 이들도 아프고 쓰러지고, 그러면서도 견디려고 하는 것들을 이해하지 못했겠지.

하루의 여행을 마치고 돌아오는 길에 민주와 한참 동안 이야기를 나누었다. 우리는 비슷한 나이에, 같은 고향에, 비슷한 고민을 갖고 있었다. 여행을 다 마치고, 나와 친구는 민주에게 차 한 잔을 청했다. 오늘 처음 만난 사람 같지 않은 것처럼, 우리는 할 이야기들이 너무도 많았다. 다른 이들이 부러워하는, 로마에서 살고 있는 민주도, 아이 둘을 두고 온 친구도 그리고 나도. 우리 셋은 다른 처지에 있었지만, 셋 다 비슷한 아픔을 갖고 있었다. 그렇다. 나도 그렇고, 당신도 그렇고, 우리들 다 한 번쯤은 겪고 넘어가는 것이 아픔이다. 정해지지 않은 길에서 우연히 만난 인연들은 서로 "산다는 건 왜 이리 힘이 들까요"라고 이야기했다.

길은 많다. 그러니 길을 헤매는 건 당연하다. 길은 고속도로 아스팔트처럼 죽 뻗은 것도 아니고, 높고 낮으며, 오른쪽 왼쪽으로 굽어 있다. 가다가 엎어질 수도 있고, 더이상 걸어갈 힘이 없을 수도 있다. 원한다고 해서, 모두 이룰 수 없다는 것들을 하루, 한 달, 일 년, 그렇게 오래도록 걷다보면 알게 될 것이다. 그저 오래 걸어갈 수 있기만을 바랄 뿐.

한국으로 돌아온 후, 힘이 부치더라도 홀로 여행을 가곤 했다. 내가 아프고 불편하니, 함께 다니는 여행자들의 밝은 모습을 보면 질투가 날 것 같았는데 아

무런 생각이 들지 않았다. 그저 좋아만 보였다. 저 사람들도 어쩌면 나를 보며 부러워할지도 모른다는 생각이 들었다. 바닥에 주저앉아 사람들을 바라보노라면, 누군가는 말을 걸었고, 그럼 그 이야기들을 가만히 듣곤 했다. 학생부터 아버지뻘 되는 사람들까지, 모두 나에게 각기 다른 아픔에 대해 이야기했다.

나는 아직 완전히 낫지 않았다. 가끔은 화도 나고 자신에게 짜증도 부리고 가족들에게 상처를 준다. 하지만 성공하고 행복한 삶만을 바라보며 사는 것보다 이렇게 사는 것도 나쁘지 않다는 생각이 든다. 물론 힘은 좀 든다. 왜 이리 재수 없을까 싶은 원망도 든다. 그러나 인생의 전환점은 행운보다는 재수 없는 일이나 불행 가운데 나타나는 경우가 많은 듯하다. 피해갈 수 있다면 좋겠지만.

피할 수 없었기 때문에, 여행 가이드북에서 "반드시 해야할 것!"을 전혀 할 수 없었던, 그 봄날의 '아무 준비 없는 여행'은 이렇게 말해주었다. "천천히 걸어가도 괜찮아. 넘어져도 괜찮아. 어떻게 되든 괜찮아. 그냥 그 시간을 즐기면 돼." 그것만이라도, 충분히 좋다.

서상희 / 변호사이다.

우리 여기서 사진은 찍지 말자.

그저 햇볕을 쬐다 가자.

사진을 찍지 않더라도,

언젠가 이 노래를 들으면

두오모에서 받은 햇살을

기억할 수 있을 테니까.

박계해 선생님, 저 잘 지내고 있어요

글·사진—요조

건물 밖으로 나오자 햇살이 눈을 찔렀다. 그는 내 어깨를 툭 치며 '독립을 축하해!'라고 말했다. 그 순간 나는 이 대단한 남자와 결혼했던 것이 뿌듯해서 그에게 몸을 찰싹 붙이고 팔짱을 끼었다. 물론 그의 마음이 아플 것이므로 내 마음도 아팠다. 확신하건대 그가 이혼을 하러 가자고 말한 것은, 우리 중 누구든 먼저 그 말을 하는 쪽이 더 힘들 것이어서다.

(중략)

우리의 결혼이 그랬던 것처럼, 이혼도 가족들의 심한 반대에 부딪힐 것이다. 그래도 우린 결혼을 했고, 그래도 우린 이혼을 했다. 우리의 결혼처럼 우리의 이혼도 둘만의 일이었다. 같이 살아서 좋았고 같이 살지 않게 되어서 좋았다.

"잘 마치고 왔어요?"

딸아이가 물었고 우린 동시에 대답했다.

"응!"

결혼도 아직이건만, '이혼'이라는 단어는 벌써 나를 지치게 한다.
드라마 〈사랑과 전쟁〉 때문일까. 옛날에 자주 보긴 했는데. 모르겠다.

어차피 죽을 텐데 왜 사냐, 어차피 배고파질 텐데 왜 먹냐,
이런 질문 되게 웃긴데
어차피 이혼할 텐데 왜 결혼하냐는 질문은
왠지 수긍이 간다.

우연히 어느 웹진에서 발견한 앞의 글을 읽기 시작하면서도
'이혼'이라는 글자를 발견하고서 나는 어느 정도
그런 마음의 준비를 하고 있었다. 다 읽고 나면 내 일도 아닌데
괜스레 지긋지긋한 심정이 되겠구나 했다.

근데 내가 틀렸다.
아니 뭐 이렇게 상쾌하게 이혼하는 여자가 다 있나 싶었다.
만나보고 싶었다.

생각보다 가까웠다.

경북 함창. 두 시간 반 정도 걸렸다.

그녀는 그곳에서 카페를 하고 있었다.

작은 동네였다.

차들이 다니는 교차로에도 새삼스럽게 무슨 신호등이냐는 듯이 '살짝 신경쓰이소' 느낌의 노란 비상등만 조촐하게 깜박였다. 길가의 상점들은 문을 연 건지 닫은 건지 분명하지 않은 미묘한 분위기를 풍겼다. 사진관 유리창에는 '필림 현상'이라고 적혀 있었다. '경로 안내를 종료합니다.' 내비게이션의 마지막 음성을 들으며 나도 동시에 간판을 발견했다.

버스정류장.
카페 앞에 차를 세우고 잠시 외관을 감상했다.
멋있게 낡은 건물이었다.

이렇게 멋스럽게 낡으려면 참 긴 시간이 필요했을 텐데, 하고 생각하며 여기저기 기웃거리고 있는데 건물 왼쪽 구석에서 어떤 아주머니 세 사람이 나오는 것이 보였다. 출입구가 저쪽인가. 건물 뒤쪽으로 돌아들어가야 하는구나. 아주머니들이 나온 출입문 앞에 서서 머뭇거렸다. 내 옆에서 새처럼 지저귀듯이 몇 마디를 주고받던 아주머니 중 한 분이 내게 역시 새처럼 말을 걸어왔다.

/ 카페 오셨어요? 내가 여기 주인이에요!

아. 이 사람이구나.

문제의 상쾌한 이혼녀.

박계해 선생님. 안녕하세요, 하고 넙죽 고개를 숙여 인사했다.

그녀는 깜짝 놀라며

"오! 나를 알아요? 어서 들어와요!" 하고 지저귀었다.

신발을 벗고 들어가야 했다. 가정집 구조의 건물이어서 카페가 아니라 친구네 집에 놀러간 기분이 들었다. 그녀는 목소리뿐만 아니라 여기저기 구경시켜주는 모습도 작은 새 같았다.

/ 뭐 먹을래요, 저녁은 먹었어요?

카페 내부를 대충 구경시켜준 후 그녀는 나를 2층으로 안내했다.
아늑하고 작은 방. 한가운데에는 옛날 난로.
아뇨, 하고 대답했다.

사실은 오는 길에 휴게소에 들러서 냄비우동을 먹기는 했다. 정말 맛이 없었다. 아니, 우동의 잘못은 아니었던 것 같고 문제는 나에게 있었을 것이다. 한동안 완전히 식욕을 잃었다. 이삼 일간 아무것도 안 먹으면서도 허기를 느끼지 못했다. 살이 무섭게 빠졌다. 거울을 보고 이건 아니다 싶었다. 악착같이 먹을 것을 챙겨먹었다. 우동도 그래서 배가 하나도 안 고픈데 먹었다.

선생님은 아시는 분이 직접 만들었다는 호박죽을 권하셨고,
나는 먹겠다고 했다.

호박죽을 가지러 선생님이 사라진 동안 천천히 내부를 구경했다. 내가
국민학교 다닐 때에도 교실 안에 이런 난로가 있었다. 고구마도 구워
먹고 도시락도 데워 먹고 그랬었다. 아까 카페 안에 신을 벗고 들어올
때도 그랬지만 이곳은 국민학교 때를 자꾸 생각나게 했다.

두 그릇을 가지고 오셨다.

나도 저녁을 안 먹어서~ 하시며 선생님이 내 맞은편에 앉았다.

그러니까 나를 알고 오셨다는 거지요?

호박죽도 참 소박한 맛이었다. 여기는 모든 것이 한결같이 소박하구나.

칼럼을 읽고 왔다고 대답했다.

어디 다른 데 가는 길에 들른 것도 아니고, 그냥 이혼 얘기를 상쾌하게
썼다는 이유만으로 여기까지 왔다는 이야기를 듣고 선생님은 "뭔가 이
상하다 이상해!" 하면서 소녀처럼 웃으셨다.

호박죽을 다 먹고는 대추차를 좀 줄까요? 하시길래 지체 없이
네, 하고 대답했다.
선생님은 말씀이 참 많았다. 웃음도 많았다.
경계심은 놀라울 만큼 없었다.

만난 지 한 시간도 안 된 것 같은데 나는 이 건물 월세부터 딸 애기, 아
들 애기, 연애 얘기까지 들어버린데다가 밤에 여기서 그냥 자고 가라
는 말까지 들었다. 진짜 그럴까, 하고 생각했다. 혼자서 이렇게 홀쩍 떠
나 나름대로 즐거운 기분으로 하루를 보내도, 밤이 되어 낯선 여관이
나 모텔 같은 데에 들어가 자려고 누우면 왠지 쉽게 잠이 오지 않고 싱
숭생숭 기분이 이상해진다. 온종일 외면해왔던 것과 비로소 대면하는
기분이 든다. 천장의 촌스러운 벽지 문양들이 그래서? 그래서? 하고
어지럽게 질문한다.

내 앨범을 선물로 드렸다.

선생님은 신이 나서 틀어놓고는 약간 안절부절못해 하셨다.

알고보니 카페에서 트는 플레이어가 너무 오래되어서

시디 표면에 흠집이 생기게 되고 어느 순간부터

음악이 잘 안 나오는 경우가 종종 있다고.

이것도 그렇게 되면 우짜지, 우짜지 하셨다.

부러웠다.

시종일관 밝고 행복하고, 뿐만 아니라 만나는 사람도
그렇게 만들어주는, 선생님이 자연스레 가지고 계신
그 기운이 너무 탐이 났다.

선생님이 말씀하셨다.
/ 나는 이렇게 우울할 수 있고 슬플 수 있는 사람들이
괜히 멋있어 보이고 부럽고 그래. 나는 그게 잘 안 돼.
어떻게 저렇게 슬퍼할 수 있을까.
나는 왜 잘 안 될까?

선생님 덕에 알게 된 좋은 사람들과 함께 밤을 보냈다.

삼강주막이었던가. 아무튼 유명하다는 주막에서 공수했다는

막걸리와 안주를 상이 부러지게 차려놓고 먹고 마셨다.

훌륭한 술이었다. 훌륭한 안주였다.

나는 조금씩 조금씩 신중하게 취해갔다.

선생님은 갑자기 나 이 옷 싫어, 하면서 입고 있던 데님조끼를 벗었다.

그리고 내 것이 되었다. 두르고 있던 손수 천연 염색하셨다는

머플러까지 내 몫이 되었다.

행복했다. 나는 점점 더 취했다.

담배가 다 떨어졌다. 다른 일행들도 마찬가지.

타로 전문가인 J씨와 집을 나섰다. 밤공기가 그렇게 차지 않았다.

큰길까지는 십여 분 정도 술렁술렁 걸어가야 한다. 슈퍼에서 담배를 사서 나오는데 웬 개가 바닥에 코를 대고 쿵쿵거리고 있었다. 도로를 건너 다시 골목으로 들어갔다. 고개를 돌려보니 아까 그 개가 옆에서 또 바닥에 코를 대고 쿵쿵거리고 있었다. 집으로 돌아오는 내내 개는 뒤를 따라오면서 여기저기를 쿵쿵거렸다. 결국 대문 안 마당까지 들어 오는 바람에 본의 아니게 내쫓아야 했다. 대놓고 꼬리를 흔들며 쫓아 오는 것도 아니고 관심 없다는 듯 이쪽을 쳐다보지도 않고서 주변을 슬금슬금 맴돌며 집까지 따라오다니.

가끔 이런 존재를 그리워했던 것도 같다. 힘들어서 문득 뒤돌아보면 언제나 근처에서 든든하게 옆을 서성여주는 그런 사람 말이다. 나 좀 봐줘, 나 좀 돌아봐줘 하는 일 없이 그냥 묵묵하게 곁에 존재해주는 그런 사람. 그런 '언컨디셔널'한 관계는 부모에게나 기대할 수 있는 것이라는 걸 이제는 안다. 그 누구에게도 이런 사랑을 받을 수 없고, 나 역시 줄 수 없다. 솔직히 바란 시절이 있었지만 이제야 포기하였다.

일행들은 중간중간 잠을 자러 들어갔다.
바로 코앞에 커다란 창이 나 있는데 그곳으로 해가 뜨는 것이 보였다.

어, 해 뜬다.

술 마시다가 해가 뜬다, 라고 말할 수 있는 나날들이 내 평생에 얼마나 될까. 누군가는 술을 마시다가 해가 뜨면 절망적인 기분이 든다고 하던데. 맨 처음으로 밤을 새워 술을 마시던 때가 아직도 기억난다. 종로 피맛골에서, 같이 음악 하던 친구들하고였다. 허름한 민속주점 문을 열자 해가 떠서 파란 기가 도는 아침이 되어 있었다. 그때 나는 무슨 기분이었냐면, 정확하게, 목욕하고 나온 기분이었다.

어, 해 뜬다,
하고 중얼거린 내 목소리를 들은 사람은 한 명이었고,
머지않아 그도 잠자리에 들었다.

나는 파란 새벽기운이 슬금슬금 사라지며
아침이 되어가는 모습을 창을 통해 바라보면서,
남은 술을 더 마시고,
개운하게 목욕을 마친 사람처럼 잠이 들었다.

박계해 선생님은 "요조는 주는 건 다 참 잘 먹어!"라고 말씀해주셨다.
선생님 저 여기서도 계속 잘 먹고 있어요. 저 인제 잘 먹어요.

조만간 또 갈게요.

요조 / 1981년 서울에서 태어났다.
〈동경소녀〉〈우리는 선처럼 가만히 누워〉〈Vono〉〈Color of City〉
〈1집 Traveler〉〈모닝 스타〉 등의 앨범이 있다. www.yozoh.com

선생님이 말씀하셨다.

나는 이렇게 우울할 수 있고 슬플 수 있는 사람들이

괜히 멋있어 보이고 부럽고 그래.

나는 그게 잘 안 돼.

어떻게 저렇게 슬퍼할 수 있을까.

나는 왜 잘 안 될까?

허술함에 담긴 진솔한 위로

글·사진 — 위서현

산다는 것은 상처받는 것이다. 아무것도 아닌 A4 종이 한 장에도 깊고 예리하게 베이는 것처럼 산다는 것이 그렇다. 살금살금 조심한다고 다치지 않는 것도 아니고, 별 볼 일 없는 존재라 하여 상처 주지 않는 것도 아니다. 막 태어난 아기의 모든 것처럼 가장 처음의 것들, 가장 순전한 것들, 가장 여린 것들로 세상살이를 시작하지만 그곳에 굳은살이 박이고, 흉터가 남고, 주름이 잡혀가는 것. 삶의 모든 시작과 소멸은 필연적으로 그러하다. 중요한 것은 그런 굴곡이 있고 요철이 있어야 자연스럽다는 것 아닐까. 지긋한 나이에 주름 하나 없이 매끈한 것이 영 어색한 것처럼, 어엿한 어른이 철없는 얼굴로 아무것도 모른다는 표정을 짓고 있는 것이 영 부담스러운 것처럼. 인생은 오목하기도 했다가 볼록하기도 하고, 메워지기도 했다가 파이기도 하고, 어지럽혀졌다가 반듯하게 정리되기도 하면서 천천히 빚어가는 것이다.

피할 수 없는 이런저런 일들에 한번 크게 데어 상처 하나 크게 자리잡고 나면 번복하는 것이 다짐이다. 다시는 어리석게 상처받지 않으리라. 어쩔 수 없이 다시 겪는다 해도 다음엔 보다 의연해지리라. 내 마음 하나는 지킬 수 있을 만큼 강해지고 단단해지리라고. 하지만 준비되지 않은 때에, 예상치 못한 곳을 파고들어와 흔적을 남기는 것이 상처의 속성이며 본질이다. 준비한들 소용없고, 굳게 마음 다진들 별 수 없다. 그저 상처의 순간을 지혜롭게, 담대하게 독대하는 수밖에. 그런 의미에서 보자면 '어떤 일로, 무엇으로부터, 얼마나 상처를 받았는가'는 별로 중요하지 않다. 상처의 순간을 눈 질끈 감고 견디는 법, 깊은 상처를 싸매는 법, 흉하다며 덮어버리지 않고 곁을 지켜주는 법, 그래서 상처가 꽃으로 태어나는 과정을 온몸으로 겪는 것. 그것이 가장 중요하다.

서른한 살. 사회생활이라는 네 글자가 몸에 완전히 익을 무렵이었다. 선배들만 가득하던 나의 일터에 어느새 후배들이 제법 늘어나 있었다. 직장일이란 것은 이제 완전히 몸에 익어서 일로 스트레스를 받는 시절은 지나 있었다. 그런데 먹을 만큼 먹은 나이, 서른한 살에 갑자기 이유 없는 고갈이 찾아왔다. 삶에 어떤 일이 생겨서도 아니고, 누군가에게 특별히 상처받은 것도 아니었다. 그때 문득 깨달았다. 내가 알고 있든, 모르고 지나치든 상관없이 산다는 것은 상처가 나는 것임을. 오가며 마주치는 수많은 사회적 관계 속에서 생채기가 날 수 있음을. 그것은 진심을 보이지 않은 상대의 잘못도 아니고, 진심을 기대한 나의 잘못도 아님을. 그저 열심히 살아가는 것만으로도 서로에게 상처를 낼 수 있다는 사실을. 하지만 머리로 잘 알고 있음에도 불구하고 진심이 담기지 않은 가벼운 관계들 속에서 마음은 지치게 마련이다.
사회생활이란 진심보다는 예의와 형식을 갖추는 것이 더 중요하다지만, 나는 예의 바른 거짓보다 예의 없는 진심이 더 끌린다. 내가 아는 한 사람은 조각 같은 얼굴로, 지나는 사람은 누구라도 다시 돌아볼 만한 외모를 지니고 있다. 하지만 시선을 사로잡는 매력도 잠시뿐. 얼굴에 그려진 예의 바른 웃음은 시간

이 지날수록 너무나 지루했고, 삶의 이야기가 담기지 않은 웃음은 무표정보다 매력 없었다. 오랫동안 함께 이야기를 나누어도 사람을 만났을 때 일어나는 마음의 일렁임을 기대할 수 없기 때문이다. 사람을 만나면 눈빛이 오가고 마음에 온기가 돌고 그렇게 마음을 주고받았다는 느낌이 들어야 하는 법인데 그렇지가 못했다. 그런 사람은 거리를 두고 볼 때만 근사한 사람이다. 거리를 지켜야만 아름다운 속성이란 참 외롭고 초라한 것이다.

가까이 갈수록 더 아름다운 사람들은 자꾸 다가가게 만든다. 더 가까이에서 보고 싶게 만든다. 사람을 끄는 진실한 매력은 그런 종류의 것 아닐까. 내가 아는 또다른 사람이 그렇다. 그는 참 무디고 투박하다. 웬만해서는 이를 환하게 드러내며 웃지 않는다. 말하는 방식에 있어서도 그 투박함이란 타의 추종을 불허한다. 상대가 마음의 준비가 되었는지, 그런 말을 해도 되는 상황인지 살펴볼 필요를 모르는 것 같다. 사회적 예의란 배운 적이 없다는 듯 프롤로그도 에필로그도 없이 단도직입적으로 말하는, 그야말로 직구를 날리는 식이다. 그 태도는 아무리 자주 겪어도 당황스럽고 가끔 어이없까지 하다. 그런데 돌아서면 이상하게 다시 보고 싶다. 서투르고 어리숙해도 그는 늘 진심이기 때문이다. 거짓으로 만들어낸 표정 없이, 거짓으로 전하는 마음 없이 언제나 진심이다.

그런 예의 없는 진심을 또다시 마주한 건 홍콩의 어느 뒷골목에서였다. 서른한 살, 문득 고갈된 마음에 언니와 가볍게 떠난 여행길이었다. 서로 의식할 필요도 없고, 거리낄 것도 없는 사람과 떠나는 여행이란 그 자체로 채움이자 비움이다. 마땅히 갈 곳도 정해놓지 않고 내키는 대로 걷던 어느 저녁. 우연히 끌리는 식당을 만나면 그곳에서 저녁식사를 할 요량이었다. 그런데 그날따라 아무리 걸어도 마음에 드는 식당이 쉽사리 눈에 들어오지 않았다. 발은 아프고 더 걸어도 음식점은 나올 것 같지 않아 그냥 소호 거리로 돌아가려고 택시를 잡으려던 순간, 언니가 소매를 잡아끌었다.

"야, 저 뒷골목에 뭔가 있을 거 같지 않아?"

언니가 가리키는 곳엔 촌스러운 네온사인 불빛이 번져나오는 작고 허름한 골목길이 있었다. 그럴듯한 식당은 없어 보이는데도 무작정 들어가보고 싶어지는 왠지 정겨운 골목이었다. 호기심에 들어선 그 골목에는 너댓 개의 누들가게들이 조촐하게 자리잡고 있었다. 허기진 배가 잡아끈 것인지, 지친 다리가 잡아끈 것인지 몰라도 우리는 미끄러지듯 가게로 들어가서는 정신없이 덮밥 하나와 뜨끈한 국수 한 그릇을 먹었다. 그제야 우리들의 얼굴엔 행복한 웃음이 번진다. 정신을 차리고 보니 식당 주인아저씨가 웃으며 우리를 보고 있었다. 여행자들은 좀처럼 찾지 않는 골목이니 카메라와 지도를 옆에 던져두고 게걸스럽게 먹고 있는 우리가 얼마나 재밌었을까. 그냥 나가기 아쉬운 마음에 지친 다리도 조금 더 쉴 겸 시원한 밀크티를 한 잔 시켰다.
식탁에 놓여 있던 빈 그릇들이 치워지고, 잠시 뒤 놓인 두 잔의 밀크티. 이 빠진 플라스틱 컵과 엉성한 모양의 얼음조각. 그 안에 담긴 밀크티는 어린 시절 추

억의 삼각팩 커피우유 같은 연갈색빛이었다. 무심하게 빨대를 꽂아 한 모금 빨아올린 나와 언니, 동시에 눈이 동그래졌다. 달콤하면서도 밀도 있는 부드러움. 홍차 잎의 쌉싸름함이 선물하는 혀끝의 알싸함. 얼음과 뒤섞여 차가워진 우유의 고소한 마무리라니. 그 시원하고도 경쾌한 맛은 촌스럽고 오래된 플라스틱 컵 속에서 더욱 빛났다.

"그거 잘 찍어서 블로그 같은 데 올려. 그럼 우리 가게 유명해지니까."

어느새 우리 곁에 서 있던 주인아저씨는 서툰 영어를 하며 손으로 사진 찍는 시늉을 하더니 너털웃음을 짓는다. 홍콩은 밀크티가 워낙 흔하다. 길거리에서도 재래시장에서도 음식점에서도 달콤한 밀크티를 쉽게 만날 수 있는데다 맛없는 밀크티를 만나기란 쉽지 않다. 어디에서 마셔도 늘 만족스러운 것이 홍콩의 밀크티이다. 그런데 이 작은 덮밥집에서 밀크티의 정수를 맛본 느낌이 드는 건 왜일까. 허름한 뒷골목이 주는 정취도 주인아저씨의 인심 좋은 웃음도 분명히 이유가 되었겠지만, 결국은 무디고 투박한 방식이 숨길 수 없는 진심 때문이었으리라. 인적 드문 골목에서 가게를 지키며, 이 빠진 플라스틱 그릇에 음식을 내놓을 수밖에 없다 해도 맨마음을 솔직하게 담아낼 수 있는 자신감 때문이었으리라. 사람 냄새나는 가게를 지켜온 정성 때문이었으리라.

많은 시간을 살아온 것은 아니지만 참 많은 것이 변해간다고 느끼는 요즘이다. 그것도 너무 빨리 변해간다. 평생을 한결같이 치열하게 살아가리라 마음먹기는 쉬워도, 단 5분을 변함없이 살아내기란 얼마나 어려운가. 평생을 진솔하게 살아가리라 마음먹기는 쉬워도 단 5분을 진솔하게 사랑하기란 얼마나 어려운가. 그런데 우연히 집어든 라파엘 안토방(Raphael Enthoven)의 단편집『오후 3시』에 그 답이 조촐하게 담겨 있었다.

/ 그리고 모든 지혜는 '언제나 처음처럼' 순간을 살아가는 기교에 담겨 있다.

삶의 지난한 어려움과 상처들을 이겨내는 진리는 참 단순한 법이다. 얼마 전 나의 라디오 프로그램에서 〈세기의 실황음반〉이라는 코너를 할 때였다. 그날 소개하는 음반의 주인공은 피아니스트 클라라 하스킬. 그런데 세기의 피아니스트답지 않게 삐끗삐끗 미스 터치가 유난히 많았다. 그것은 클라라 하스킬이 오랫동안 병을 앓아오면서 극한의 고통과 싸운 흔적이었다. 중요한 것은 그가 건반을 잘못 눌러 음정이 겹치고, 다른 음이 섞이는데도 의심할 여지없이 그의 연주는 완벽했다는 것이었다. 그는 어느 순간에도 변함없이 진솔하게 살아갔고, 육체적 고통과 정신적 통증 속에서도 변함없이 치열했기 때문이다. 마찬가지로 우리 삶에 상처가 생기고 삐긋거리는 순간이 찾아와도, 매 순간 진심이라면 문제되지 않는 이유다. 단 한 번의 실수조차 없는 완벽한 연주라 하여도, 세계에서 가장 화려한 무대에 오른 연주라 해도 마음에 일렁임을 남기지 않는다

면, 진심이 주는 감동이 없다면 의미 없는 소리의 울림일 뿐이기 때문이다. 모든 것이 완벽하게 맞아떨어지는 순간만을 바랄 필요도 없다. 한 치의 어긋남 없이 내가 바라는 대로 절묘하게 맞아떨어졌다고 가장 완벽한 순간도 아니고, 내 삶에 최선도 아니기 때문이다. 이 세상은 실수가 섞이고 어긋나서 다행인 것들이 더 많은지도 모른다. 어긋나 생긴 빈틈에 진심을 담을 수 있어서 다행인 것들이 더 많을지도 모른다.

"너무 잘하려고 하지 말아요. 당신은 자연스러울 때가 가장 예뻐요. 너무 완벽하게 담아내려고 하면 더이상 여지가 없잖아요. 넘치면 흘러버리잖아요."

그날 이 빠진 플라스틱 컵에 담긴 차가운 밀크티는 그렇게 말을 건네는 것 같았다. 빈틈 속에 담긴 진심이었다. 빈틈없이 맞물려 돌아가는 세상, 여지없이 계산적으로 돌아가는 세상 속에서 이런저런 상처받은 나에게 마음의 여지를 가르쳐준 한 잔이었다. 마음에 여지는 많으면 많을수록 좋다고 가르쳐준 시간이었다. 여지가 없다면 쉽게 상처받고, 여지가 없다면 쉽게 상처 줄 수 있음을 배운 시간이었다. 언제까지든 기다려줄 여지, 이유 없이도 싱긋 웃어줄 여지, 엉킨 오해를 풀 수 있는 여지, 시간을 마음을 나눌 여지. 마음에 여지가 없으면 누군가 진심을 주어도 받을 공간이 없다. 누군가 사랑을 나눠주어도 받을 공간이 없다. 그리고 받지 못하면 분명 줄 수도 없다.

누군가에게 진심이란 꾸미지 않은 마음을 의미하고, 누군가에게 진심이란 순간의 열정에 솔직한 것을 의미하며, 누군가에게 진심이란 다가올 시간에 대한 의지와 헌신을 의미한다. 그 차이가 세상살이에 오해를 만들고, 간혹 커다란 상처를 남기기도 한다. 하지만 진심에 대한 정의가 서로 다를지언정 진심은 결국 맨마음이라 참 많은 용기와 신뢰를 필요로 하는 것이다. 그러니 어떤 모습이든 진심은 어떤 순간에도 가치를 지닌다. 그것이 가장 중요하다. 그것으로 인해 진심은 가치를 지니는 것이다. 그렇게 용기를 내어 보여준 진심인데, 그것을 휴지조각처럼 초라하게 만들어버린 사람으로 인해 후회하고 있다면, 그 마음은 놓아버려도 그만이다. 진심을 알아보지 못하는 이에게 전해줄 수 있는 진심이란 없는 것이니.

고갈된 마음을 안고 가벼이 떠난 여행에서 어느새 나는 이런저런 상처들쯤은 툭툭 털어버릴 수 있게 되었다. 그리고 세상을 탓하기 전에 나 자신을 돌아보며 작은 바람을 하나 끌어안게 되었다. 조금 무디고 투박해도 좋으니 사람 냄새 나는 사람이 되고 싶다고. 조금 어리숙해도 좋으니 봄날의 오후 3시와 같은 사람이 되고 싶다고. 조금 못난 사람이 되어도 좋으니 품 하나쯤 늘 열어둔 사람이 되고 싶다고. 서로 조금도 상처 주지 않고 살만큼 우리는 완벽하지 않다. 그러니 사람살이다. 완벽하지 못하다면 우리 그저 진실하기로 하자. 우리, 서로에게 완벽한 사랑은 못 되어도 서로에게 진실한 사랑은 줄 수 있으니.

위서현 / KBS 아나운서. 1979년에 태어났다. 연세대 대학원에서 심리상담학을 공부했다. KBS NEWS 7, 2TV 뉴스타임 앵커, 1TV 〈독립영화관〉 〈세상은 넓다〉, KBS 클래식 FM 〈노래의 날개 위에〉 〈출발 FM과 함께〉 등을 진행했다.

언제까지든 기다려줄 여지,

이유 없이도 싱긋 웃어줄 여지,

엉킨 오해를 풀 수 있는 여지,

시간을 마음을 나눌 여지.

마음에 여지가 없으면

누군가 진심을 주어도

받을 공간이 없다.

마
치

글·사진 ― 이
우
성

버스는 땅끝으로 가고 있었다. 나는 창밖의 풍경이 희미해지는 걸 보았다. 풍경은 풍경으로 이어졌다. 막막함처럼, 끝이 없었다. 지워지는 것들을 생각했다. 나는 나를 지우고 싶었는데 그게 얼마나 치기 어린 생각인지 알았다. 나는 있었다. 혼자. 어둑해지는 세계의 뒤에서 세계의 앞으로 달리는 버스 안에. 도망치는 게 아니야, 말했지만 그 말을 듣는 건 나뿐이었다. 사라지지 않는 소리는 너무 많았다. 맞장뜨고 싶었는데 도대체 어떻게 해야 하는지…….

아무것도 하지 않고 나는 그렇게 앉아 땅의 끝으로 가는 중이었다. 오후의 빛이 사그라지고 있었다. 초록이 눈부셨다. 아니, 색 따위가 저렇게 멀쩡하게 선명해도 돼? 하물며 저렇게 흔한 생명이라니. 나는 먼지 같았다. 우성이먼지. 그리고 만발한 봄의 꽃이 손을 잡고 이어졌다. 나는 나무처럼 가려웠다. 흐린 옷을 다 벗고 싶었다. 그렇게…… 나는 없는 사람 같았다. 버리고 싶은 것 중에 첫 번째는 나였다.

어느 날, 나에게 너무 많은 말을 하던 사람들이 나에게 아무 말도 하지 않았다. 그때 나는 겨우 스물세 살이었다. 나는 언어의 공백을 감당하지 못했다. 나는 혼자 붕 떠서 멈춘 것 같았다. 얼굴들이 뿌옇게 나타났다 사라졌다. 나는 그들이 밉지 않았다. 그리고 내가 내 몸을 만졌을 때 나는 나에게 아직 다 오지 않은 물체 같았다. 나는 창백해 보이려고 눈을 강하고 길게 감았다. 나는 그 동작을 지속적으로 반복했다. 눈가에 눈물이 맺혔다. 억지였다. 하지만 아마 내 눈동자는 흐린 초록색이었을 것이다. 멀리서 물 끓는 소리가 들렸다.

버스는 기어코 낮을 빠져나왔다. 어둠은 가장 낮은 곳과 높은 곳까지 퍼져 있었다. 그리고 더 두꺼워지고 있었다. 어둠은. 그리고 마치 어떤 공백처럼 이따금 빛이 쏟아졌다. 밤의 빛은 조용했다. 나는 그 소리를 들을 수 있었다. 볼 수도 있었다. 멍하니 있던 내게 손짓도 하지 않고 지나간 언어의 공백을 그 소리가 메웠다. 나는 겨우 괜찮아지는 게 어떤 건지 알 것 같았다. 일요일의 친구들을 생각했다. 그들은 축구공처럼 둥글고 시끄러웠다. 하지만 공중에서도 졸 수 있다. 표정이 비슷한 사람들은……. 뛸 때는 즐거웠는데, 돌아보니 진 팀엔 늘 내가 있었다.

나는 그렇게 한참을 앉아 있었다. 버스는 의지를 보여주듯 달렸다. 언덕을 오를 때 나는 버스가 사명감을 갖고 있는 게 아닐까 생각했다. 마음의 끝에 닿으면 사람은 어떡해야 하는 걸까? 먼 곳의 버스는 희미한 사람을 기다리고 있는 걸까? 버스 안에서 나는 내가 거의 보이지 않았다. 밤이어서 그럴 거야. 하찮아지지 말자, 하찮아지지 말자…… 무릎 뼈를 만지며 나는 견디던, 오후들을 떠올렸다.

땅끝에는 뭐가 있을까? 엄마, 엄마는 어떻게 나를 낳고도 미역국을 먹었어? 엄마는 한번도 들은 적이 없지만 나는 여러 번 물었다. 엄마가 없는 곳에서. 엄마가 끓여줘서, 라고 엄마가 대답하면 좋겠어, 라고 혼자서 말했다. 엄마에게 미역국을 끓여주는 엄마의 엄마의 마음은 어떤 걸까? 한 생명이 태어나는 건 한 생명이 죽는다는 걸 증명할까? 땅끝엔 뭐가 있을까? 너는 왜 사람들과 달라? 네가 혼자 있다고 느끼는 거니? 정말 네가 혼자 있는 거니? 사람들은 왜 널 안 좋아하니? 왜 넌 거기에서 보고 있니? 너만 빼고 왜 다 저기에 있니? 땅끝엔 뭔가 있을까? 계속 물 끓는 소리가 났다.

슬플 때 더 슬플 수 있다는 건 어쩌면 다행 같아. 청승맞아서가 아니라 왠지 이게 끝이라는 생각이 들면 슬플 것 같아서. 버스는 더 깊은 곳으로 들어갔다. 세상에서 멀어지는 것 같았지만…… 우주에서 나와 버스는 어디에서든 무엇에서든 거의 같은 곳에 있다. 그건 꼭 감정의 거리 같다. 조금도 더 나아가지 못한다는 걸 너무 잘 안다. 아니, 알았다. 창밖은 이따금 목이 구부러진 어른이 입에서 빛을 내뿜는 광경을 보여주었다. 아저씨, 아저씨들도 걷고 싶어요? 너처럼 걸어서 뭐하게?

슬플 때, 모호하게 슬퍼서 슬픔을 몰아낼 수 없을 때, 몸에서 어떤 소리가 피어나고 흩어져서 아무것도 남아 있지 않다고 느낄 때, 나는 사이다를 마신다. 그럴 때 나는 마치 주머니 같다고 느껴. 말을 걸 사람이 없어야 하고 말을 하지 않아도 견딜 수 있어야 해. 나는 닫혀 있어. 내가 가둬둘 수 있는 것들이 내 안에 분명히 있어…… 아마도. 나는 손으로 버스를 만졌다. 나는 버스 안에서 버스

밖으로 나가고 싶지 않았다. 버스는 시간의 창 같았다. 지금, 이 순간은 지나가고 지나갔다. 그런데 버스야, 딱딱한 네가 왜 나처럼 흐리니? 버스가 곡선도로를 달리며 바깥으로 빠져나가는 중심을 끌어 앉았다. 마치 무언가 증명하려는 듯. 봐봐 이런 거야. 어떤 거? 사랑하는 사람에겐 사랑하는 사람이 필요해. 너는 바보구나. 응. 그렇지. 나는 내가 없거든.

버스가 멈췄다. 완잔히 멈췄다.

나는 내려야 해서 내렸다. 버스 계단을 발로 디디며, 디디며, 나는 다 온 것이었다. 나는 나에게서 구체적으로 이어져 있었다. 그리고 종일 해가 뜨지 않는 공휴일처럼 어두웠다. 어쩌면 세상이 이렇게 지워질 수 있을까? 그리고 나는 한 번, 뱉는 숨을 의식하며, 내 안의 어둠을 덜어내었다. 나는 까만 걸 만들지! 속으로만 말했다. 주머니에서 손을 꺼내자 어둠이 묻어 나왔다. 입을 벌리자, 가방을 열고 먼지를 털어내듯, 어둠이 쏟아졌다. 나는 울지는 않았지만 눈물이 났다. 세상의 어둠이 사람의 어둠 같아서 슬펐다. 사람들이 나만큼 아플까봐 아팠다.

내 몸은 서 있을 만큼 딱딱했다. 나는 허물어질 리 없었고 날아갈 리도 없었다. 나는 피곤했을 뿐 아무렇지 않았다. 아니, 청승맞았다. 그리고 고개를 들었을 때 나는 빛 속에 있었다. 빛이 수다쟁이처럼 쏟아지고 있었다. 빛은 계속 그렇게 쏟아졌다. 내가 몇 걸음 걸어 그 속을 빠져나왔을 때도 빛은 여전히 쏟아졌다. 그러나 빛은 모여들 수 있을 뿐 쌓이는 게 아니었다. 나에겐 주머니 같은 귀가 있지, 그렇긴 했다.

그리고 나는 걷기 시작했다. 만발한 꽃을 가지마다, 가지의 마디마다, 손끝마다 매달고 나무는 목이 긴 등 옆에 서 있었다. 나무와 등, 나무와 등, 나무등, 나무등…… 그리고 나는 계속 걸었다. 마치 내 몸을 확인하듯이. 내가 아는 걸 구체적으로 내가 알았다. 나는 내가 다 보였다. 그리고 단단한 땅 위에서 땅은 이어지고 있었다. 나는 그게 다 보였다. 발이 땅을 디딜 때마다, 한 걸음씩 어둠 속으로 들어갈수록 길은 조금씩 환해졌다. 걸을 만하게 그러나 눈부시지는 않게 나는 무엇인가 읽고 있었다. 듣는 것과 읽는 것이 다르지 않았다. 그리고 등 돌리고 왔던 자리를 생각했다. 그곳의 어둠과 그곳의 빛, 그곳의 실망과, 그곳의 사람과 그곳의 나와, 그곳의 꽃, 그곳의 대기, 그곳의 땅, 땅, 땅, 멀리 더 멀리 와도 이어져 있는 땅. 나쁜 놈, 나쁜 놈, 나쁜 년도.

짖지도 않고 강아지들이 지나갔다. 세 마리. 모두 다른 색이었다. 마치 모른 척 해주려는 듯, 그러나 아주 없지는 않은 듯, 느리게 사라져갔다. 나는 알 것 같았다. 분명하지는 않지만. 몸을 명백하게 불러들이지 않으면 한 걸음도 걸을 수 없다. 어둠은 구멍이 뚫려 있었다. 빛이 새어들어왔다. 누군가와 누군가가 나를 보고 있었다.

그리고 나는 계속 걸었다. 멀리, 동그랗게 밝았다. 나는 마치 그곳을 알았고, 먼 곳에서 그곳을 찾아서 온 것처럼 당연하게 걸어갔다. 그곳의 등 몇 개는 유난히 높고 그곳의 나무 몇 그루는 나무의 시작처럼 서 있었다. 다가갈수록 등과 나무의 그림자가 선명해졌다. 그 그림자는 마치 내가 미워했던 사람들 같았다.

나는 발로 모래를 비벼 그림자를 지우는 흉내를 냈다. 그들은 나를 비웃듯이 밝았다. 그들은 완벽하게 거기 있었다. 나는 멀어질 수 없었다. 그림자와 그림자와 사람과 사람과 어둠과 어둠을 지나 나는 동그랗게 밝은 곳에 서 있었다. 무엇이 누가 나를 여기까지 옮겨 왔을까. 그곳이 땅의 끝이었다.

땅끝엔 뭐가 있을까? 땅끝의 공중엔 별도 보이지 않았다. 달은 땅에 내려와 있었다. 그리고 큰 입 속에, 아마 우주에서 가장 큰 입이겠지, 물이 가득 차 있었다. 어둠은 물을 누르고, 물속까지 스며들어 있었다. 온통 까만 소리뿐이었다. 나는 땅 너머의 풍경이 궁금하지 않았다. 나는 그냥 알 것 같았다. 뭐든, 알았다. 그리고 땅은 마치 물 위에 떠 있는 것처럼 흔들렸다. 하지만 달라지는 게 없었다. 나는 거기에 서 있었다. 멀쩡히. 그림자 속에, 빛 속에, 달 속에, 모든 아픈 기억 속에. 물이 어둠과 부딪치며 소리를 냈다. 아파, 아파, 청승맞게 남자가 아파, 내가 정말 아프다고 느껴져서 나는 괜찮은 것 같았다.

그리고 다시 물 끓는 소리가 났다. 나는 누군가를 부를 필요가 없었다. 아무도 없지만 혼자 있지 않았다. 나는 따뜻하다고 느꼈다. 마음의 끝엔 뭐가 있을까? 마음의 끝에도 너머, 라는 게 있을까? 빛은 마치 기포 같았다. 눈을 감으면 내 몸을 이루는 세포들이 한순간에 흩어져 사라질 것 같았다. 나는 눈을 감지 않고 땅끝 너머의 어둠을 보고 또 보았다.

아픔은 어두워진다.

어둠은 어둠을 쌓이게 한다.

어둠은 공백을 가지고 있다.

공백에 꽃이 핀다.

꽃은 나무를 읽는다.

듣는다.

가지는 시간을 피운다.

시간은 어둠을 눈부시게 한다.

눈부시게 어둡고 딱딱한 감정이 있다.

꽃 핀 나무를 오래 보면 완벽하게 혼자가 된다.

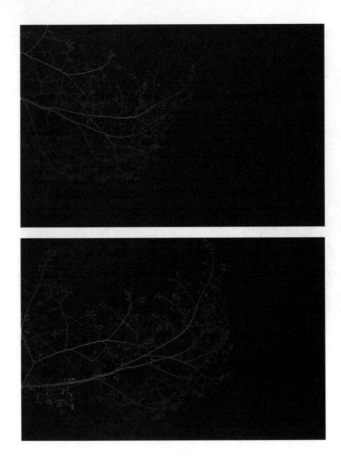

바람이 불었다.

아주 먼 곳에서 온 바람은 까만 물속으로, 그 커다란 입속으로, 쓸어온 것들을 쏟아버렸다. 그리고 또 바람이 불면 나도, 땅도, 나무도, 꽃도, 초록도, 빛도, 어둠도 쏟아져버릴 것이었다. 나는 그 풍경을 잊지 않을 자신이 없었다. 하지만 아침이 오기까진 시간이 남아 있었다. 여행을 시작한 것이다.

이우성 / 시인, 《아레나(ARENA)》 기자, 1980년 서울에서 태어났다. 2009년 《한국일보》 신춘문예에 「무럭무럭 구덩이」가 당선되며 등단했다. 《GQ》《DAZED AND CONFUSED》를 거쳐 현재 《아레나》의 피처 에디터로 일하고 있다. 시집 『나는 미남이 사는 나라에서 왔어』를 냈다.

마음의 끝에도 너머, 라는 게 있을까?

빛은 마치 기포 같았다.

눈을 감으면 내 몸을 이루는 세포들이

한순간에 흩어져 사라질 것 같았다.

나는 눈을 감지 않고 땅끝 너머의

어둠을 보고 또 보았다.

그 빛이 내게로 온다

글·사진 — 이제니

십이월의 늦은 오후. 드골 공항엔 비가 내리고 있었다. 유난히 추운 겨울이었다. 우리는 아무 말이 없었다. 떠나오기 전 나는 몇 가지를 다짐했다. 아무것도 읽지 말 것. 아무것도 쓰지 말 것. 일기를 쓰지 말 것. 특히 편지를 쓰지 말 것. 그러나 채 몇 걸음도 걷기 전에 무언가가 쓰고 싶어졌다. 무언가가 말하고 싶어졌다. 떠나오기 전 마지막으로 썼던 마지막 문장과도 같은 말을. 확신할 수 없는, 단정 지을 수 없는 그 문장을. 내 책상 위에 붙여둔 출처를 알 수 없는 빛바랜 사진과도 닮은. 나는 오래전부터 어떤 사진 한 장을 책상 위에 붙여두고 있었다. 그것이 스스로 무언가를 말할 때까지. 그것이 제 그림자를 길게 드리울 때까지.

여기 어떤 빛이 있다. 어떤 어둠이 있다. 어두운 방안. 창가엔 여름 직물의 드레스 하나가 걸려 있다. 그리고 어떤 빛이, 어떤 어둠이, 그 드레스의 심장을 관통하고 있다. 나는 마치 내가 그 드레스의 주인인 것처럼 느낀다. 동시에 어둠 속 저 너머에서 그 드레스를 바라보고 있는 바로 그 사람이라고 느낀다. 이 빛은 내게 무언가를 말하라고, 말해야만 한다고, 강요하고 재촉하고 있다. 하지만 무엇을? 어떤 그림자를? 어떤 기억을? 어떤 상처를? 어떤 아픔을?

그것은 이제 막 시작되었거나 이제 막 끝났는지도 모른다. 이제 막 가슴에 매단 작고 빛나는 훈장 혹은 누군가의 마지막 유품처럼. 언젠가 너는 너에게로 여행 오라고 내게 편지했다.

> * 내 성질에 맞는 사람들은 미친 사람들, 미치도록 살고 싶어 하고, 미치도록 말하고 싶어 하고, 미치도록 구원받고 싶어 하는 사람들이다. 이런 사람들은 모든 것을 갈망하고, 시시한 일을 떠벌리거나 말하지 않고, 로마 신화에나 나올 법한 황금빛 양초처럼 타오르고, 타오르고, 타오르는 사람들이다.
>
> – 잭 케루악 『길 위에서』 중에서

우리는 길 위에 나란히 서서 잭 케루악을 읽었지. 너는 아주 어릴 적부터 기타리스트가 되는 것을 은밀히 소망해왔다. 하지만 기타리스트가 되기엔 네 손가락은 너무 작고 어두웠다. 너는 나를 보며 이야기를 하면서도 탁자 밑에서는 손가락을 늘리곤 했었지. 너는 불운하지도 불행하지도 않다. 다만 조금 자주 울적할 뿐이다. 어쩌면 우리는 끝없이 이어진 들판 위에서 언제까지나 언제까지나 춤을 추는 야윈 몸의 요기가 됐을 수도 있었을 텐데. 나는 우리의 팔과 다리가 부드럽게 휘저어놓은 공기의 입자를 느낀다. 삼각형의 넓이를 구하는 공식이 사각형의 넓이를 구하는 공식보다 훨씬 더 아름답게 느껴지는 이유는 무엇입니까. 어제 저녁 나는 팔차원 초다면체를 아홉 개나 찾아냈어요. 그것들은 속이 빈 채로 서로 맞물려 있었죠. 나는 콕세터라는 이름 하나를 떠올린다. 우리들은 마치 만화경 속의 풍경처럼 완벽하게 아름다운 대칭을 이루며. 무한히 흔들린다. 달린다. 날아오른다. 내 머릿속을 떠도는 마이너의 피아노 음계. 유리잔 바닥을 떠도는 녹차 찌꺼기. 나는 언제나 사소한 것에 쉽게 감동하는 나쁜 버릇이 있었다. 우리는 한 배에서 태어난 두 개의 머리 같구나. 그리고, 그러나, 어느 날 무언가가 지속되

기를 바라는 순간, 우리 둘 중 누군가가 입을 다문다. 우리는 태어나기 전에는 모두 죽어 있었다. 빛이 사라진다. 어떤 빛이. 어떤 빛이 어둠 곁으로, 어둠 뒤로, 사라진다. 나 혹은 너는 검은색 혹은 흰색이 된다. 나는 기다릴 수 없는 것을 기다릴 수밖에 없었던 시간을 떠올렸다. 망설여서는 안 되는 것을 망설였던 시간을 떠올렸다. 나는 너에게 여행 가지 않았다. 그리고, 그러나,

파리의 골목과 골목을, 거리와 거리를 헤매고 다니지 않을 때는 우리는 친구의 집에 게으르게 누워 무언가를 듣거나 보거나 마시거나 했다. 나는 여전히 그 무엇도 읽지 않았고 쓰지 않았다. 일기를 쓰지 않았고 편지는 더더욱 쓰지 않았다. 친구의 방에서 친구의 오래된 엘피반으로 듣는 밥 딜런과 존 바에즈, 그레이트풀 데드, 제퍼슨 에어플레인, 벨벳 언더그라운드, 제니스 조플린 그리고 패티 스미스와 소닉 유스, 탐 웨이츠와 데이빗 보위. 그것들은 떠나왔던 곳에서 듣던 것보다 조금은 더 쓸쓸하게 느껴졌다. 미술대학에 다니던 친구는 늘 작업으로 분주했고 아침 일찍 나가 저녁 늦게야 돌아오곤 했다. 매일매일 자신의 한계를 넘고 있는 것처럼 보였다. 바쁜 나날이었지만 시간을 내어 일찍 돌

아오는 날이면 어김없이 작은 쿠키 상자를 들고 왔다. 너희들이 온 덕에 작은 사치를 하는 거야. 쿠키는 언제나 세 조각뿐이었다. 우리는 한 사람에 하나씩 그것을 천천히 먹었다. 친구는 낭비하지 않았다. 친구는 낭비할 것이 아무것도 없어 보였다. 하지만 우리는 무언가 낭비하고 있었다. 낭비하고 낭비하는데도 여전히 낭비할 것이 남아 있는 것만 같았다. 우리는 떠나왔던 곳에서와 마찬가지로 약간의 희망과 약간의 절망을 가지고 있었다. 약간의 행복과 약간의 불행을 가지고 있었다. 여전히 낭비할 빛과 어둠을 가지고 있었다. 무언가를 낭비하고 소모하며 소진하며 잠들다 깨고 잠들다 깨는 것을 반복했다. 꿈 없는 잠 속의 며칠을 보낸 뒤에는 파리 시내 곳곳의 묘지를 순례하곤 했다. 어떤 묘지들은 입구를 찾지 못했고, 간신히 입구를 찾아 들어간 묘지에선 찾으려고 했던 묘석을 찾지 못했다. 지나가는 행인에게 묘지 가는 길을 묻곤 했지만 그 누구도 묘지 가는 길을 제대로 알지 못했다. 누구나 언젠가는 가게 될 그 길을 아무도 알지 못했다. 화창한 날의 묘지 순례는 마치 풍광 좋은 곳으로 소풍이라도 나온 듯한 기분이 들었지만 그런 날은 흔치 않았고 대부분 흐리거나 비가 왔다. 우리는 우리가 보고자 했던 누군가의 묘석 위에 놓인 편지와 엽서와 꽃과 재와 지하철 티켓과 사진과

열망과 눈물과 바람을 바라보곤 했다. 나는 미리 써간 짧은 편지들을
몇몇 묘석 위에 올려두었다. 죽은 자들이 그것을 읽을 수 있을 거라고
생각하면서. 아니, 그것을 읽을 수 없을 거라고 생각하면서. 오래전부
터 사랑해왔던 그 이름들과 이제는 그만 작별하고 싶다고 생각하면서.

　　우리는 값싼 식사로 끼니를 해결하고 해가 떨어질 때까지 그리고
해가 떨어지고 나서도 골목과 골목을 거리와 거리를 헤매고 다녔다. 거
리의 담벼락 위 무수한 그라피티들 옆에, 골목골목의 낡은 포스터들 곁
에, 너의 그림을, 나의 문장을 남겨놓곤 하면서. 너는 때때로 내 머리 위
어딘가를 가리켰고, 자신만의 은밀한 보물이라도 찾은 듯 그것을 오래
오래 바라보았다. 너는 여행지마다 새겨져 있는 스페이스 인베이더를
귀신같이 찾아내는 능력이 있었다. 너는 그것이 언제부터 누구에 의해
서 어떤 목적으로 이런저런 명소나 예술적인 건축물 외벽에 붙여지고
있는지 설명해주었다. 너의 설명을 들은 이후로 나도 도시 곳곳에서 그
것들을 더 자주 더 많이 발견하곤 했다. 이전에는 보고도 보지 못했던
그것들을 이제는 더 자주 더 많이 보게 되었다. 지금도 수많은 나라의
수많은 도시 곳곳에서 그 색색의 타일 조각을 붙이기 위해 이른 새벽

누군가는 게릴라처럼 건물의 외벽을 위태롭게 기어오를 것이고, 또 누군가는 자기만의 스페이스 인베이더를 찾아 거리를 헤매고 있을지도 몰랐다. 그리하여 그것들 곁에 밤의 불빛이 켜지듯 하나둘 마음의 불빛이 켜지고 있을지도 몰랐다.

골목과 골목을, 거리와 거리를 몇 번씩 반복해서 돌아나가는 동안, 우리가 관광객의 얼굴과 관광객의 목소리를 잃어가는 동안, 떠나왔던 곳으로 돌아가야 할 시간이 다가오고 있었다. 친구는 떠나기 전 소개해줄 친구가 있다며 우리를 안내했다. 우리와 비슷한 작업을 하고 있는 친구라고 했다. 친구의 친구의 집은 무수한 공원 곁의 무수한 아파트의 무수한 꼭대기층 중의 하나였다. 나무바닥에 아무렇게나 쌓여 있는 낡은 페이퍼북들, 금방이라도 쏟아져내릴 듯 벽 한편에 꽂아놓은 수많은 음반들, 색색의 유리꽃 조명등과 몇 개의 술병들, 직접 그려 붙인 그림들, 그리고 종이 갓을 씌운 엷은 전등 빛에 반쯤 비쳐 보이는 고다르의 알파빌 포스터.

친구의 친구가 저녁을 준비하는 동안 우리는 좁디좁은 베란다로 나가 까마득한 발아래를 내려다보았다. 십이월의 거리는 크리스마스

의 물결로 넘실거리고 있었다. 끝없이 이어진 소실점의 거리 위로 작은 알전구들이 쉴 새 없이 반짝이고 있었다. 그것들은 있는 힘을 다해 그 겨울의 잿빛 거리를 천국으로 만들고 있었다. 우리는 바람이 몰아치는 좁고 높은 베란다에 서서 멀리 있는 무언가를 바라보았다. 보이지 않는 무언가를, 없는 무언가를. 우리는 오래도록 그것을 보아오고 있었다. 다만 눈에 보이지 않을 뿐이야. 하지만 그것은 있어. 분명 있어. 조금 늦게 올 뿐이야. 우리는 서로의 손목을 끌어와 떠나온 곳의 시간을 확인하는 것을 잊지 않았다. 딱히 시간을 알아야 할 이유도 없었지만, 우리는 순간순간 이곳과 저곳 사이의 간격을 가늠했고, 그러다 보면 문득문득 무언가 중요한 것을 그곳에 두고 왔을지도 모른다는 생각이 들곤 했다.

친구의 친구의 이름은 실비아였다. 아니 어쩌면, 나탈리 혹은 구미코였는지도 모르겠다. 그 꼭대기 집을 나와 좁고 가파른 수동식 엘리베이터를 타고 내려오는 순간 나는 그 이름을 성급하게 잊었다. 그리고 지금, 실비아 나탈리 구미코의 그때 나이가 바로 지금의 내 나이와 비슷하다는 것을 알아차린다. 친구의 친구는 차갑게 식힌 맥주와 와인과 치즈와 과일과 직접 구은 빵과 중국식 쿠키를 내왔다. 우리는 그것을 먹었고 마셨고 각자에게 주어진 포춘쿠키를 잘라 서로의 문장을 돌려보았다. 서로의 말을 알아듣진 못했지만 언어 너머의 무언가가 우리를 감싸고 있었다. 모든 말들이 그렇듯 딱히 알아들어야만 할 것은 없다고, 알아들어야만 할 것은 언젠가는 알아듣게 돼 있다고 나는 생각했다. 그런 말들은, 그런 결정적인 말들은 시간을 거슬러, 시간을 앞질러, 필연처럼 다가오게 돼 있다고.

친구의 친구는 몇 권의 책을 보여주었고, 그중의 한 권은 익히 알고 있던 얘기와는 완전히 다른 인어공주의 전설이었고, 얘기 중간 중간 몇 곡의 노래 제목을 알려주었고, 그 음악들은 자주자주 끊기는 우리들의 대화 위로, 우리들의 둥그런 침묵 속으로, 부드럽게 스며들고 있었다. 친구의 친구는 스스로를 독서광에다 영화광이라고 말했다. 무언가를 만들고는 있지만 너무나도 사소한 작업이라 특별히 그것에 대해 할 말이 없다고 했다. 언제나 늘 다른 사람의 작품을 읽거나 듣거나 보는 것이 더 좋다고 말했다. 그는 나에게 무슨 일을 하냐고 물었다. 나는 무어라 말해야 할지 알 수 없어서 그냥 그저 쓴다고 말했다. 그저, 무언가를. 그저, 그렇게. 오래도록 작가가 되기를 꿈꿔왔단 말은 하지 않았다. 꿈꿔왔던 만큼 지쳐가고 있다는 말도 하지 않았다.

식탁 위의 음식이 줄어들 듯 우리의 말수도 줄어들었다. 우리는 악수를 하고 서로의 어깨를 가볍게 안아주었다. 이제 다시 만나기는 힘들 테지. 길거리로 나서자 작별하던 순간 언뜻 보았던 실비아 나탈리 구미코의 얼굴이, 자기도 모르게 쓸쓸해지던 그 눈빛이 마음에 걸렸다. 매일매일 한결같이 집과 일터를 오가며 몇 년 동안이나 이렇다 할 만한 친구나 연인 없이 지내면서 혼자 밥을 해먹고 책을 읽고 음악을 듣고 영화를 보다 잠드는 그 머리 위로 비치는 작은 불빛이 눈에 보이는 것 같았다. 골목은 골목으로 이어지고 어둠은 더한 어둠으로 물들고 있었다. 그 집에서 멀어지는 내내, 나는 그 시적인 영화 알파빌을 몇 번이나 몇 번이나 되풀이해서 봤다고, 고다르는 빛과 어둠이 무엇인지, 그것이 서로를 어떤 방식으로 비춰주고 있는지, 그것이 서로를 어떤 식으로 품어주고 있는지를 알고 있는 몇 안 되는 사람 중의 하나라고 말하지 못한 것을 후회했다.

익숙해질 것 같지 않은 추위와 거리와 언어와 감정에 조금씩 익숙해질 무렵 너는 마지막으로 가야할 곳이 한 군데 남아 있다고 말했다.

너는 몇 주 전에도 그 미술관에 가서 이름난 화가들과 이름 없는 화가들과 이름 모를 화가들의 그림을 보고 또 보았다. 하지만 네가 아주 어릴 적부터 사랑해왔던 고흐의 그림들은 일부러 맨 마지막으로 남겨두었다. 너는 떠나기 이틀 전에야 비로소 고흐의 그림으로 가득한 그 방으로 갔고 고흐의 그림 곁에 섰다. 상기된 표정으로. 어딘가 약간 수줍어하면서. 너는 고흐의 그림 앞에서, 그 곁에서 움직일 줄을 몰랐다. 그토록 많은 그림 앞에서 쉴 새 없이 셔터를 눌러대던 것과는 달리 고흐 앞에서는 단 하나의 사진도 찍지 않았다. 우리는 한참을 고흐 앞에서 머물렀고 이후로 다른 곳은 더이상 둘러보고 싶지 않았다. 나는 너에게 왜 고흐의 그림을 찍지 않았느냐고, 왜 고흐의 그림 곁에서 함께 사진을 찍지 않았느냐고 묻지 않았다. 어떤 꿈은, 어떤 열망은, 그것이 현실의 옷을 입고 있어도 여전히 빛나는 꿈의 자락을 간직하고 있는 법이니까.

우리는 드문드문 서로의 손목시계를 들여다보았고 미술관 로비의 유리창을 통해 쏟아져 들어오는 빛을 가만히 바라보았다. 그때 누군가가 오른쪽에서 왼쪽으로, 왼쪽에서 오른쪽으로, 어둠에서 빛 속으로, 빛에서 어둠 속으로 다가오는 것이 보였고 너는 순간 셔터를 눌러대기 시작했다. 일행 없이 홀로 걷던 남자는 이제 막 빛의 면류관이라도 쓰려는 듯 높은 창으로부터 쏟아져 내리는 그 환한 빛 속을 스쳐지나갔고 이내 어둠 속으로 사라졌다. 나는 카메라 렌즈를 통해 무언가를 바라보고 있는, 무언가를 포착하려 하는, 너를 바라보았다. 너를 단번에 사로잡은 것이 무엇이었는지 알 것 같았다. A secret admirer will soon send you a sign of affection. 나는 실비아 나탈리 구미코가 담담히 읽어내려갔던 그 밤의 포춘쿠키 속 문장을 떠올렸다. 영화 알파빌에서 나타샤가 했던 마지막 말을, 그 어떤 말을, 누가 누군가에게 수줍게 전하는 장면을 상상하면서.

우리는 떠나왔던 때와 마찬가지로 약간의 희망과 약간의 절망을 가지고, 약간의 행복과 약간의 불행을 가지고 그곳을 떠나왔다. 여전히 낭비할 빛과 어둠을 가진 채로. 그 빛은, 그 어둠은, 여기에서 저기로, 저기에서 여기로 옮겨오는 동안, 사라지거나 나타나곤 했지만 단 한순간도 똑같은 빛을 띠는 적이 없었다. 나는 그 빛이 어디에서 오는지 알 수 없었다. 알 수 없는 외부에서. 어쩌면 나의 내부에서. 나의 어둠의 저

밑바닥에서. 나는 내가 떠나기 전 마지막으로 썼던 그 불확실한 문장이 한 줄의 편지가 되어 누군가에게 날아가기를 바랐다. 하늘거리는 여름의 옷감 너머로 번지던 그 환한 빛이 누군가의 가장 아프고도 빛나는 무언가를 비추기를 바랐다.

여기, 하나의 빛이 있다. 하나의 어둠이 있다.

그리고 지금. 그 빛이 내게로 다시 온다.

이제니 / 1972년 부산에서 태어났다. 2008년 경향신문 신춘문예에 시 「페루」로 등단했다. 2010년 시집 『아마도 아프리카』 출간. 2011년 제21회 편운문학상 우수상 수상. 텍스트 실험집단 〈루〉동인으로 활동중이다. http://hippiee.com

나는 그 빛이

어디에서 오는지

알 수 없었다.

알 수 없는 외부에서.

어쩌면 나의 내부에서.

나의 어둠의 저 밑바닥에서.

편지

글·사진 — 장연정

새벽. 네시 반.

아직은 밤이 더 긴 계절이야. 잠든 지 이제 두 시간.

나는 힘들지 않게 눈을 떴어.

사실 요즘은 잠이 잘 오지 않아. 겨우 잠들고, 이렇게 힘들지 않게 눈을

뜨곤 해. 온종일 피곤에 시달리면서도 좀처럼 잠드는 일이 힘들어지는

건 어쩔 수가 없네.

눈을 감으면 온갖 생각들이 다 밀려와. 몸은 피곤한데 생각은

잠들 수 없는 정말 괴로운 상황이 오래도록 지속되고 있어.

온기가 남아 있는 이불을 빠져나와 창문을 열어.

마침 비가 오네. 커피를 내려야겠어.

소파에 멍하니 앉아 시계를 봐.

새벽, 다섯시.

창을 열고 커피를 마실 때 즈음 비를 머금은 구름이 낮게 흘러가는 소리가 들려. 이윽고 가만히 내리는 빗소리가 들리네. 비가 온다는 일기예보를 들은 지 반나절 만에 듣는 빗소리야.

거실엔 어젯밤 까치발을 들어 겨우 내려둔 낡은 트렁크가 입을 벌린 채 놓여 있어. 어젯밤 나는 그 트렁크에 묻은 두꺼운 먼지를 대충 닦다 그만두고 이부자리에 들었지. 망연하게 벌어진 저 공간 속에 무엇을 넣어야 할지 알 수가 없었거든. 사실은 내가 정말 떠나는 게 맞는가, 하는 생각이 들기도 했어. 떠난다는 말에 나를 맡길 수가 없으니, 무엇을 준비해야 할지도 알 수가 없는 거야. S야. 나는 떠나려는 걸까. 아니면, 정말이지 떠나고 싶어 하지 않는 걸까. 그것도 아니면, 나는…… 도망치려 하는 걸까?

지금으로부터 두 시간 뒤, 나는 이 집을 나서야 해.

K를 마지막으로 만난 건 벌써 삼 년 전의 일이지. 여름이었고, 습도가 아주 높은 어느 주말이었어. 습기 찬 살 위에 옷 끝이 척척 달라붙는 기분 나쁜 계절. 나는 오랜만에 K와 연락이 닿았고, 이런저런 얘기 끝에 내가 그녀를 보러 가기로 했지. 봉천동. K가 아니면 그리고 S 네가 아니면 내 평생 아마 발붙여볼 일이 영영 없었을지도 모를 만큼 낯설었던 동네. 그 유명했지만 낯설었던 동네에 처음으로 도착해 바라본 것은, K의 집 쪽으로 나 있던 가파른 비탈길이었어. 아지랑이가 피어오르는 아스팔트 위에 금세 말라붙어버릴 물 한 방울처럼 나는 망연하게 서 있었지. 저길 올라가야 K를 만날 수가 있구나.

그런데 내 두 발이 쉽게 움직여지지 않았어. 단거리코스를 뛰기 전의 선수처럼 나는 왠지 모르게 가슴이 뛰어서 마냥 그 자리에 서 있었지.

내 손에는 언제 샀는지도 모를 K를 위한 담배 두 보루가 들려 있었어. 내려오라고 전화할 수 있었지만, 나는 그러기 싫었어. K가 살고 있는 방을 보고 싶었거든. K의 짐들이 꾹꾹 눌려 담긴 방과, 그녀의 기타. 그녀의 취향이 담긴 옷이 걸린 옷걸이나, 늘 그렇듯 텅 비어 있을 냉장고, 재가 수북이 쌓인 재떨이 같은 것들이 말이야. 한참을 그렇게 서 있던 내게 누군가 귓속말로 속삭였어. '왔어?'

깜짝 놀라 옆을 보자 K가 웃으며 서 있었지. 밝은 갈색으로 염색을 하고, 새하얀 얼굴로 나를 보며 웃는 K는 그사이 살이 많이 빠져 있었어. "왜 내려왔어?"라며 반가워하는 내게 K가 웃으며 말했지. "장연정은 이렇게 높은 비탈길을 싫어하니까. 같이 올라가주려고."

나는 K의 툭 던지는 말 한마디 한마디에 자주 울컥 하곤 했는데, 그날은 만나자마자 그렇게 울컥했었지. 비탈길을 싫어하는 나 때문에 그 더위 속을 걸어 내려와준 K가 좋아서.

간단히 세수를 하고, 짐을 싸기로 마음을 다잡아. 두 시간 후면 나서야 할 집에서, 내가 가져갈 수 있는 건 무엇일까. 나는 가장 먼저 카메라와 일기장 그리고 좋아하는 볼펜 하나를 챙겨. 그리고 속옷 두어 개와 옷 서너 벌. 양말과 슬리퍼. 칫솔과 비누, 그리고 만료일이 몇 달 남지 않은 여권. 이윽고 좋아하는 책 두 권을 챙기고 작은 우산을 하나 더 넣어. 여기까지 챙기고 보니 그다음이 막막해지네.

다시 소파 위에 앉아 찬찬히 트렁크를 내려다봐. 아까 내려놓은 커피는 모두 식어 있어. 열어둔 창문 위로 다시 한번 바람이 지나가는 소리가 들려. 바람을 타고 높게 솟아오르는 커튼 사이로 묵직한 창문을 다시 닫는 사이, 나는 문득 책상 위에 놓인 K의 사진을 챙겨넣기로 해. K가 좋아할 만한 풍경을 만나면 그곳에 놓아주고 오자고. 그렇게 생각하며 K의 사진을 들여다보다 나는 또 한 가지 사실을 알게 됐어. K와 헤어진 후로, 이 사진 속의 K를 피해왔다는 사실. 소매 끝으로 뿌옇게 내려앉은 먼지를 닦아 내자, 환하게 웃고 있는 그녀의 얼굴이 보이네. 나는 눈물이 나기 전에 얼른 그 사진을 책 한구석에 끼워 넣어. K의 사진이 끼워진 페이지에는 '잊어야 한다는 사실을 잊기 위해 산다'는 구절이 적혀 있어. 나는 오래도록 그 문장을 읽고 또 읽어. 평편한

바닥에 부피를 가진 물체처럼 튀어오른 그 문장. 누군가 나에게 급히 보낸 메시지 같은.

새로 이사한 K의 방은 생각보다 좁았어. 작은 매트리스가 겨우 깔린 방이 하나, 가스레인지가 놓인 부엌이 하나 그리고 작은 화장실 겸 욕실이 하나. 두 사람이 들어앉으면 딱 알맞은 만큼의 공간이 남아 있는 방안에 앉아, 우리는 사가지고 온 맥주를 마셨지. 선물이라며 내민 두 보루의 담배를 받아들고 말없이 웃던 K의 얼굴은 너무 차분했어. '조금씩 피워.' 나는 마지못해 그렇게 말했지만, 그럴 수 없다는 걸 알고 있었어. 담배를 좋아했던 K에게 담배는 늘 많아도 부족한 것이었으니까.

나는 다 타들어가 끝이 조금 남은 담배를 손끝에 들고 자판을 두드리며 모니터를 응시하는 K를 바라보는 일을 좋아했지. 들숨을 쉴 때마다 빨갛게 빛을 내며 타들어가는 담배의 느낌이 좋았어. 항상 K처럼 멋지게 담배를 피울 수 있다면, 좋겠다, 고 생각했었지. K를 처음 만난 열아홉 살의 대부분 나는 매일 밤 쉽게 잠들 수가 없었어. K가 가진 그 고독과 우울의 색깔을 가지고 싶어서, 닮고 싶어서.

우리는 나란히 매트리스에 걸터앉아 늘 그랬듯 맥주를 마시고 음악을 들었어. 어떻게 지냈느냐는 말에 K는 말없이 요즘 구상하고 있는 이야기들에 대해서 말해주었지. 나는 역시 늘 그랬듯이, 도대체 K의 이야기들을 당장 사주지 않는 사람들은 뭐지 하는 생각에 답답해했어. 내가 아는 한 K만큼 재미있는 이야기꾼은 없었는데. 정말로 그랬는데. 그렇게 슬슬 취기가 오를 때쯤 K가 말했지. "요즘 조금 힘들다"고. 나는 대답 대신 맥주를 한 모금 더 마셨고, 문득 북유럽 어딘가의 추운 나라로 떠나고 싶다고 생각했어. 요즘 들어 나는 그때 그 순간을 자주 들여다보게 돼. 내가 놓쳤을지도 모를 어떤 느낌 때문에. 있잖아 S. 그때 K의 얼굴은 어땠을까. 요즘 조금, 힘들다, 고 말하던 K의 얼굴은.

이제 남은 시간은 단 한 시간. 비오는 화요일 새벽 여섯시.
대충 챙겨넣은 짐들을 살피고, 얼마의 돈을 환전해 넣은 지갑과 카드
를 챙겨넣고 마지막으로 세수를 해. 요 며칠 잠이 모자란 얼굴이 무척
거칠어. 생각보다 일찍 정리된 짐 덕분에 준비를 다 하고도 시간이 남
아 있네. 여느 때보다 가벼운 트렁크를 현관문 옆에 세워두고 나는 오
랜만에 이 집을 둘러보기로 해.

이 집에서 나는 4년을 살았어. 이십대 초반에 살던 이 동네를 이십대
의 마지막에 다시 돌아왔던 건, 스물두세 살 때 내가 두고온 이런저런
추억들이 자꾸 생각나서야. 이 동네는 아직도 오래된 한옥들이 많고,
봄이면 깃털 같은 벚꽃이 피고 낮과 밤이 모두 조용해. 나는 그런 이
곳이 좋아서, 이 동네를 떠나고서도 그 어디에서도 오래 머물지 못했
지. 나는 다시 이 동네, 그중에서도 이 집에 돌아와 열 번이 넘는 여행
을 떠났고, 스스로 도배를 처음 해보았고, 많은 사람들을 잃고 또 새
로 만났어. 유동인구가 차츰 늘어감에 따라 내가 자주 가던 카페와 식
당들이 수시로 바뀌는 바람에 자주 서운했고, 그런 마음이 들 때마다

자주 창을 열었지. 창밖으로 보이는 플라타너스 잎들을 보면서 마냥 앉아 있는 시간을 좋아했고, 가끔은 K가 놀러올 때면 함께 창을 열고 맥주를 마시기도 했어. 서향이라 해가 잘 들지는 않았지만, 이 집은 처음으로 구석구석 내 손길이 많이 닿은 집이야. 모서리가 부서진 싱크대, 타일이 깨진 화장실, 깊게 파인 바닥 장판과, 곰팡이로 몸살을 앓던 벽면들. 모두 내 손을 거쳐 제대로 되었지. 가끔 퇴근을 하고 집에 돌아와 맞닿는 캄캄한 고요 속에서 혼자 켜져 있는 텔레비전을 볼 때나, 켜놓은 적이 없는 보일러가 돌아가고 있을 때는, 누군가 나 말고 이 집에서 외로움을 달래고 있는 건 아닌지 생각이 들어 잠을 설치기도 했어. 겨울에는 유난히 춥고 여름에는 유난히 더웠던 이 집.
오늘은, 이 집에서의 마지막 날이야.

K와의 마지막 그날을 떠올려. 열 캔 정도의 맥주를 별말 없이 나누어 마시고, "요즘 조금 힘들어"라고 말했던 K의 목소리를 들었던 그날. 예쁜 걸 보여준다며 반짝이는 과자봉지 위에 소복하게 쌓인 땅콩껍질을 창문을 열고 후~ 하고 불던 K의 옆모습에 웃음을 터뜨리던 그날.

눈송이처럼 떨어지던 땅콩껍질을 보며 "예쁘잖아. 예쁘지 않니?"라고 재차 묻던 K의 하얀 얼굴. 마침내 술기운이 오른 K가 기타를 잡았고, 루시드 폴의 악보를 펼쳐놓고 〈오, 사랑〉을 연주하기 시작하자 나는 금세 눈물이 고였어. 나에게 있어 노래를 잘한다는 것은, 나를 울리는 것, 나를 눈물나게 하는 것. K는 정말 멋진 목소리를 가졌지. 충분히 쓸쓸하고, 외롭지만 한편 우아하고, 따뜻한 그 목소리를 나는 정말로, 좋아했어.

고요하게 어둠이 찾아오는 이 가을 끝에 봄의 첫날을 꿈꾸네.
만 리 넘어 멀리 있는 그대가 볼 수 없어도 나는 꽃밭을 일구네.
가을은 저물고 겨울은 찾아들지만 나는 봄볕을 잃지 않으니
눈발은 몰아치고 세상을 삼킬 듯이 미약한 햇빛조차 날 버려도
저멀리 봄이 사는 곳, 오, 사랑.

한번의 연주를 마치면 또 한번을, 또 한번을 부르고 나면 또 한번을
나는 불러달라고 졸라댔어. 가다가 멈춰 서고 틀리기도 하는 K의 서

툰 연주를 듣고 있으면 나는 왠지 그대로 잠들고 싶기도 했지. 눈을
뜨고 나면 이 긴 여름이 지나고 서늘한 가을 끝이 와 있기를 바랐어.
그 가을의 끝에 봄을 기다리는 노래를 들으며 무엇인가 마냥 그리워
하고 싶었어.

늦은 밤. 마지막 지하철을 타기 위해,
자리에서 일어서려는 나에게 K가 말했지.

"자고 가." 나는 그럴 수가 없다고 했어. 너무 좁은 그 집에서 나까지
누울 자리는 없어 보였으니까. 우리는 그 긴긴 비탈길을 함께 내려왔
어. 내려오는 길은 시원하고, 또 쉬웠어. K는 마지막으로 담배 한 개
비를 피웠고, 나는 기다려주었지. "힘들지 마. 또 올게." 나는 그렇게
말했고 "잘 가, 보고 싶을 거야"라고 K는 대답했어.

S야, 내가 기억하는 K의 마지막 목소리는 그렇게
간단하고, 슬프구나.

잘 가,

보고 싶을 거야.

왜 그날따라 K는 나에게 평소 같지 않은 인사를 했을까. 지하철을 향해 걷다 뒤를 돌아보았을 때 그녀는 아직도 나를 바라보며 서 있었지. 약간은 붉어진 얼굴로 엉성하게 서서는 손을 흔들었어. 나는 이대로 다시 그녀와 밤을 새워 술을 마시며 이야기를 할까, 잠시 고민했어. 뭔가 내 마음을 잡아끄는 무거움에 발길이 잘 떨어지지 않았거든. 어쨌든 그때 K의 곁에는 내가 아니어도 가라앉지 않도록 그녀를 힘껏 물 위로 끌어올려줄 부표 같은 것이 필요했는지 몰라. 나는 아직 여기에 있습니다. 새까만 물밑 같은 현실 위에 가만가만 떠 있을 수 있는, 그렇게 자신의 존재를 알려줄 수 있는 무언가가.

나는 그렇게 몇 번을 뒤돌아보았고, 그때마다 한편 그녀가 없으면 어쩌나 내내 두려웠던 것 같아. 하지만 그녀는 내가 돌아볼 때마다 그

자리에 마냥 서 있었어. 내가 먼저 사라질 때까지. K의 그 모습은 사진 한 장처럼 내 가슴 안에 남아 있어. 가끔 꺼내어볼 때마다 나는 아직도 처음처럼 마음이 너무, 아파.

현관문을 열고, 다시 한번 집안을 둘러봐. 며칠 전부터 정리해둔 중요한 짐들은 박스로 단단히 포장해 두었어. 내가 여행을 떠나고 없는 사이, 나의 짐들은 새로운 집으로 옮겨져 있을 거야. 신발을 신고, 나는 마지막으로 가방에서 카메라를 꺼내 작별인사 대신 텅 빈 집을 향해 셔터를 눌러.

찰칵~. 지난 나의 4년간의 시간들에게, 이곳에 묶어두고 가는 많은 기억들에게, 이것은 모른 척 버려두고 가는 게 아니라, 어떻게든 기억하겠다, 는 나의 마음이야. 신발을 신고, 대문을 닫고, 트렁크를 한 계단 한 계단 내리고, 집 앞으로 난 건널목을 건너 마지막으로 집을 바라보는 순간 저멀리 손을 흔들고 있는 K의 모습이 보여. 아마도 불쑥 꺼내보고는 울컥 울게 될 기억들이 집과 함께 나에게 손을 흔들고 있네. 잠시 머뭇거리던 나는 오래오래 함께 손을 흔들어. 고마워. 정말로, 고마웠어.

인적이 뜸한 아침 골목길에 트렁크 바퀴 굴러가는 소리를 들으며 떠나갈 그곳에 대해서 상상해봐. 따뜻하고 아름답고 또 좋은 사람들이 있는 그곳. 그곳에서의 몇 달을 보내고 나면, 나는 새롭게 나를 기다리고 있을 새집으로 돌아오게 될 거야. 막막하고, 한편 생경한 그 기분을 얼마간 즐기게 되겠지. 아마, 좋을 거야. 얼마간 예전 주소와 새 주소를 헷갈려하는 그 느낌도, 새집과 제일 가까운 단골마트를 찾아 헤매는 일도, 새로운 버스노선을 파악하고 퇴근길, 집으로 돌아올 때의 낯선 느낌들도. 그렇게 새로워질 나의 생활들…… 기대해도 될까? 그러니까 S야, 나는 이제 마음껏 웃어도 되는 걸까?
이별과 이별하러 떠나는 여행이 아니라, 이별과 화해하고 이별의 손을 따뜻하게 덥석 잡아주기 위해 떠나는 이 여행의 끝에는, 나도 웃을 수 있기를 진심으로 바라.

오늘은 4월의 마지막, 아직은 바람이 차네.

S, 너도 내가 돌아올 그때까지 꼭 건강하기를. 너 역시 좋은 여행을 만나고 돌아오기를. 많이 울지 말고, 많이 웃기를. 이제 다시 볼 수 없는 K를 마음에 얹은 자책도 눈물도 이제는 없기를…….

돌아오면 가장 먼저 너에게 전화할게. 우리 함께 6월의 밤거리를 걷자. K와 자주 가던 맥줏집에도 상수동 골목도 함께 가자. 빈자리에 K의 잔을 놓고 K에게 건배를 건네고, 그랬듯이 K를 놀리고, K를 흉보고, 함께 웃자. 조금 취할 때쯤 루시드 폴의 〈오, 사랑〉을 듣자. 그리고 울고 싶어지면 마음껏 울자. 그날을 기다리며, 나도 그곳에서 열심히 걷고 있을게. 너에게, 또 K에게 엽서를 보낼게. 그곳은 너무나 따뜻하다고, 언젠가 너도, K도 함께 그곳에 있었으면 한다고. 정말로, 정말로, 내 진심을 다해 사랑한다고.

그럼 다시 볼 그날까지 S야 부디, 잘 지내.
너의 서른두번째 봄이 부디 아름답기를 바란다.
안녕.

장연정 / 대학에서 음악을 전공했고 현재 작사가로 활동하고 있다. 문득 짐 꾸리기와 사진 찍기, 여행 정보 검색하기, 햇볕에 책 말리기를 좋아한다. 여행산문집 『소울 트립』『슬로 트립』『눈물 대신, 여행』이 있다.

이별과 이별하러 떠나는 여행이 아니라,

이별과 화해하고 이별의 손을

따뜻하게 덥석 잡아주기 위해 떠나는

이 여행의 끝에는,

나도 웃을 수 있기를 진심으로 바라.

마
음
속
거
기

글 · 그림 | 한 승 임

한승임 / 1977년 서울에서 태어났다. 『나는 아직 어른이 되려면 멀었다』 『오늘, 헤어졌어요』 등 단행본, 그림책, 영화, 음반 등 여러 분야의 일러스트를 그렸다. 2009년 관훈갤러리에서 개인전을 가졌다. www.hanseungim.com

비행기를 타고, 별을 보고,

종일 걷고, 낯선 도시를 어슬렁거리고,

태양을 느끼고, 배를 타고, 종소리를 듣고,

장을 보고, 야경을 즐기고, 기차를 타고,

바람을 껴안고, 나무를 올려다보고, 지도를 찾고,

대화를 하고, 오래된 목각인형을 고르고,

구불구불한 산길을 돌아 양떼를 만나고,

비를 피하고, 점심을 거르고,

버스를 타고, 꽃을 만지고, 하늘을 보고,

새하얀 시트 위를 뒹굴고,

바닷물에 발을 담그고, 새로운 음식을 맛보고,

생각을 하고, 투덜거리고, 휘파람을 불고,

다시 가방을 메고, 길을 걷는다.

목적지는 아직 닿은 적 없는

내 마음속 거기.

epilogue

길을 가는 것은 인생과도 같다.

– 프랑수아 를로르 『꾸뻬 씨의 인생 여행』 중에서

북노마드